Fashion

多面体としてのファッション

小池一子／編著

Fashion
多面体としてのファッション

はじめに——多面体としてのファッション

ファッションは、衣服やアクセサリーという実体を持つとともに、鏡の上のイメージにたとえることもできる。その鏡に映っているのは時代の空気であったり、個人の趣味であったり、肉体であったり、生産や流通というシステムのプロセスと結果であったりする。
ファッションを成立させている領域には、素材を中心とするテキスタイル・デザイン、かたちをつくるパターン・メーキング、デザインやアートとして評価される美学などがある。またそれらの背景にある経済、産業、テクノロジー、社会の動向、都市環境などはファッション成立の基礎的要因である。
さまざまな領域や要因から検討すると、ファッションが実にさまざまな切り口を持つ多面体であることが分かる。本書は、歴史的観点、時代意識、素材の領域、表現の形態、身体感覚などを軸として、ファッションという総体にアプローチしようと試みるものである。

小池一子

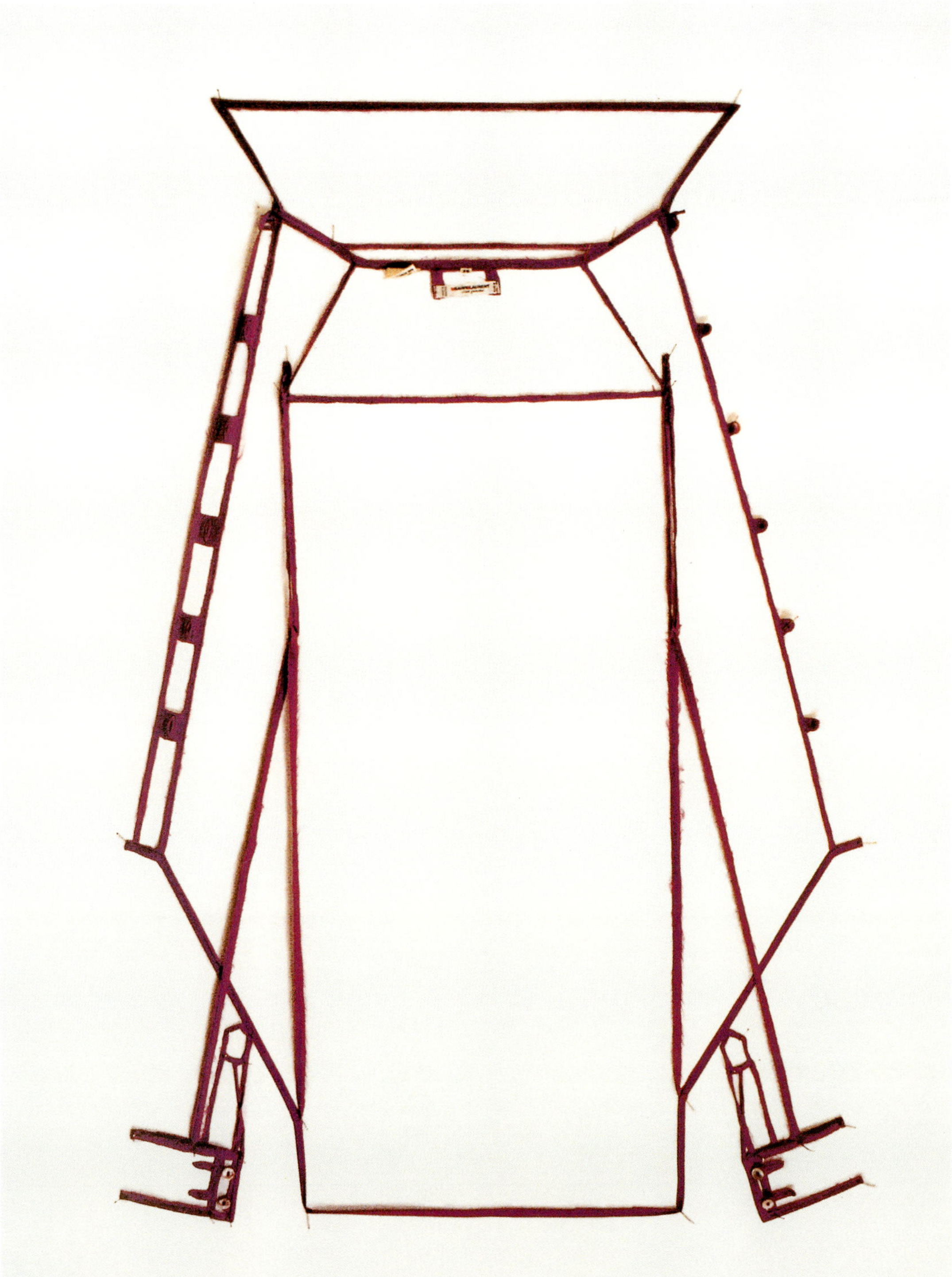

ピップ・クルベルト(Pip Culbert)「ライラック色のサンローラン」1997

20世紀ファッションの系譜

ファッションを考察するにあたって、必須の領域は服装史にあるだろう。人がどのように着ることに関わってきたのかを知ることは衣服の特質を理解するうえで重要なだけでなく、楽しい発見に満ちてもいる。
古代から近代への衣服の形態の変遷は、まさに人類の歴史とともにあり、民族や権力の興亡を反映している。またフランスのような、王侯貴族の栄華と市民革命による変化とが劇的に表出した服装史にも興味のつきないものがある。
だが、私たちは20世紀という技術文明の時間帯を通過し、かつて思い描きもしなかったような情報と物流の変化を目のあたりにしている。現在のファッションを成立させている都市空間、居住・生活空間から遊戯空間に至るまでの環境の形成が、20世紀の技術革新に基づくことを前提として、私たちの服装史は20世紀を点検することに中心を置く。

都市着の生成

身体の解放へ

19世紀の終わりはベル・エポック（美しい時代）とも、世紀末とも呼ばれてきた。享楽的、退廃的な雰囲気がこれらの言葉には漂うが、パリの酒場や踊り子を描いたトゥルーズ＝ロートレックの作品が、当時のファッションのムードを象徴している。

この頃の服装のシルエットを見るとウエストがくびれ、肩を張り出した袖つきの服で、胸の部分が重く盛り上がっていることに気づく。シェイプをつくっているのは、17世紀からさまざまな変化を見せ、時代のシルエットを形づくってきたコルセットだが、20世紀に入ると急速に疎まれるようになる。身体を矯正することへの疑義も出され、コルセット離れが進むのである。これは、ロンドンのリバティ商会を中心とする合理服、グスタフ・クリムト、ヴァン・デ・ヴェルデらのウィーン工房創作のルーズ・シルエットの服などにも現れる革新的な動きとして捉えることができる。オートクチュールの基礎を形づくったパリのデザイナーの中からはポウル・ポワレが1906年にコルセットを使わないドレスを発表している。

「1909－1939、革新的な衣服」展という、20世紀前半の衣服デザインで構成された画期的な展覧会が、ニューヨーク・メトロポリタン美術館のキュレーターによって企画され、日本では「現代衣服の源流展」として1975年に紹介されている。日本ではこのとき初めて西欧の衣服デザインが作品として美術館展示された（京都国立近代美術館）。

この展覧会が提示したのはまさにポワレ以降のファッションの革新者たちの仕事であり、20世紀の衣服の原点といえるデザインの最良のものが網羅されている。同展の収録デザイナーは、ポウル・ポワレ[*1]、キャロ姉妹[*2]、マドレーヌ・ヴィオネ[*3]、ココ・シャネル[*4]、エルザ・スキャパレリ[*5]らである（＊／26ページ参照）。

20世紀の衣服を特徴づけているのはいうまでもなく都市との関係である。これは都市空間、都市生活、都市のライフスタイルとの関係といい直すこともできる。産業と商業の興隆、技術革新に起因する都市の交通網の発達、都市人口の飛躍的増加などが、都市のファッションを生む基盤である。

チャールズ・フレデリック・ワース(Charles Frederic Worth)「極端に大きなジゴ袖のドレス」1894 - 98　撮影：広川泰士。時代のスタイルを象徴的に扱ったイメージ・フォトグラフィー。

キャロ姉妹「ラウンジ・パジャマ(Lounging pajamas)」1927　撮影：英興。トップのシャツとパンツとヴェストという軽快なアンサンブルが生まれている。

アーバン・クローズ、すなわち都市の衣服、「都市着」という新しい概念が20世紀の衣服である。19世紀末までに相当程度の都市化が進んだ都市があったとしても、そこで着られた衣服がアーバン・クローズということにはならない。都市機能として、電気・ガスなどのエネルギーおよび上下水道などのインフラストラクチュアや、一般市民のアクセスとしての交通網が整備されたアーバン＝都市のライフスタイルに合う服装がアーバン・クローズである。

ココ・シャネルが「私は地下鉄に乗って仕事場に行く女性のためにデザインする」という言葉を残している。ここには、市街はすでに近代建築と街路で整備され、ビジネス機構や雇用の関係が成立し、鉄道網も敷かれているという都市像がある。そのような都市で、女性が職を持ち、行動にふさわしい軽快な服装を必要としていることがこの言葉の中で語られている。

前出のパリ・オートクチュールを代表する5人のデザイナーは、それぞれにアーバン・クローズの概念を推し進めた。20世紀後半に一般化したパターン・メーキングやドレスメーキングの方法論、スタイリングなどはほとんど1920〜30年代に基礎ができたといわれるが、そのすぐれた例がこれらオートクチュールのメゾンによって確立された。とりわけクリエイティブな発想をさまざまに試みたマドレーヌ・ヴィオネ

左上：マリアノ・フォルチュニイ(Mariano Fortuny)のドレス、1910年代
撮影：林雅之　京都服飾文化研究財団所蔵。ヴェニスで制作、発信したフォルチュニイのプリーツ。

右上：ポウル・ポワレ「アフタヌーン・ドレス」1919 - 22。撮影：英興　直線裁ちが日本の着物の影響を伝えている。

左下：ガブリエル・シャネル「ウール・ジャージィのスポーツ観戦着」1026　撮影：英興　シャネル（パリ店）所蔵　いわゆるシャネル・スーツの原型。

右下：エルザ・スキャパレリ「ジャケットとドレス」1937頃。ジャケットの図案はコクトーによるデザイン。波打つ金髪を袖に、プロフィールを胸に。刺繍による表現が力強い。

下中央：マドレーヌ・ヴィオネ「サマー・ディナー・ガウン」1919 - 20。バイアスに布を扱うことで生まれるドレープはヴィオネのデザインの成果である。

左：フォルチュナート・デペッロ(Fortunato Depero)「Depero's Futurist Vest」1924。イタリアの未来派は思想と美学の表現媒体にヴェストを選び、デザインした。
上：アレクサンドル・ミハイロヴィッチ・ロドチェンコ(Aleksandr Mikhailovich Rodchenko、1891～1956)と彼の「つなぎ」。労働の価値をデザイン化しようと試みている。

は、布地をバイアスに使うことで生まれるドレープのデザインを特徴とし、以後の布扱いに新しい流れを導入した。

1920年代にパリ・オートクチュールで試みられたスタイリングは、世界各地でコピーされるようになり、そこに流行（モード）が生まれた。日本では最新流行のヨーロッパ風ファッションを身につける若い人たちに対して、モダンボーイ／モダンガールを語源とした、モボ／モガなどの略称が生まれた。つり鐘型の丸い帽子、髪は男の子っぽいボブ・カットと呼ばれる断髪、フラットな胸、筒型でウエストを特定しないシルエット、スカート丈はふくらはぎ半ばくらいといったスタイルがモガの典型的な姿だった。

パリでは1925年に「国際装飾美術展覧会」が開催され、またそれ以前からの美術潮流ともあいまって「アールデコ」（展覧会名）というデザイン様式が発信された。

幾何学模様や直線の構成、強い対比を見せる色彩、立体的構成などが様式化されたアールデコには、源泉として、古代エジプトや、中国、日本の影響、アフリカ原始美術への関心などがあげられる。ちなみにツタンカーメンの墓は1923年に発掘されている。

またアンドレ・ブルトンらの提唱した「シュルレアリスム」、ロシア革命と平行して高揚した「ロシア・アバンギャルド」、前出のクリムトらによる「ウィーン分離派」、イタリアの「未来派」などヨーロッパのアートの動きは活発で、オートクチュールのデザイナーも刺激を受けた。ココ・シャネルがピカソの舞台美術に衣装協力したり、スキャパレリにジャン・コクトーが図案を提供するなどのコラボレーションも生まれている。この時代のファッションとアートの関わりに、現在のコラボレーションの先がけを見ることができる。

1930年代には、それ以前の傾向、すなわち直線的でシンプルともいえる1920年代のモードに対する反動のような動きが現れている。柱時計の振子の振動のように、流行は2つの極の間を揺れるという性質を持つが、身体の曲線をシルエットに求めた1930年代への移行はまさにその例である。

一方アメリカでは世紀末からパリ・モードへの関心が高く、オートクチュールを直接買いつけに出向く富裕層を筆頭に、そのコピーを直接・間接に入手し製作する業者やドレスメーカーが増加した。1910年代に映画産業がハリウッドで本格的に始動するとファッションはスクリーンから一般のファンへ伝播されるメッセージの一つとなった。アメリカの女性はスクリーン・ファッションをとおしてパンツ・ルックやメークアップの流行を身近に経験することになるのである。

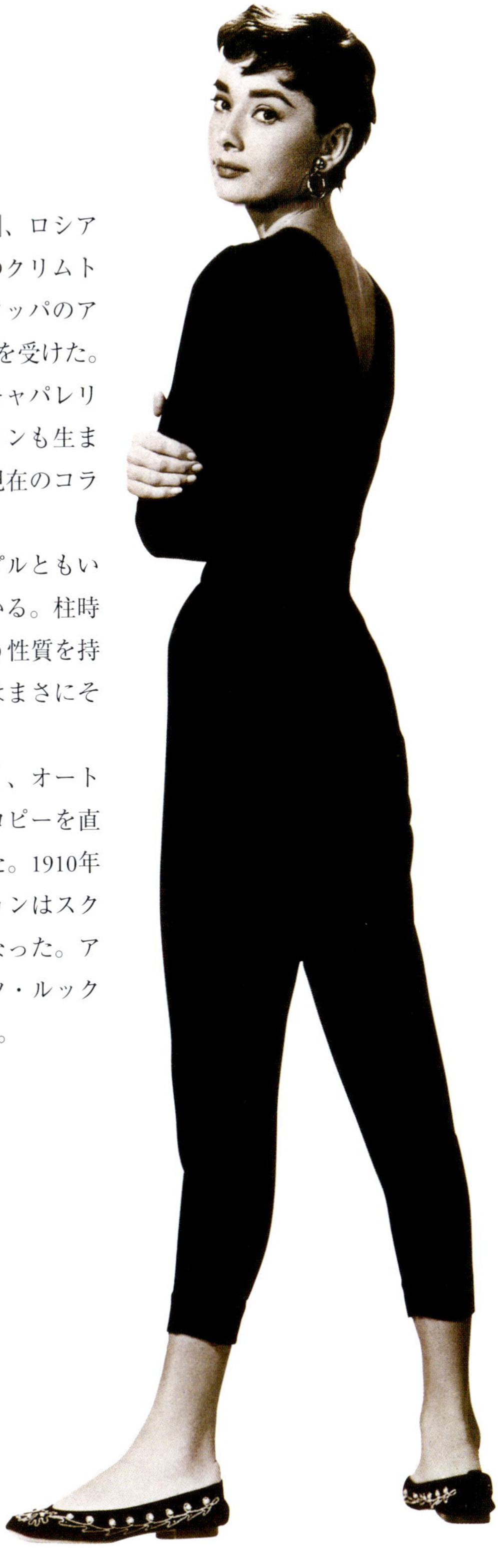

サブリナパンツのオードリー・ヘップバーン　撮影：KOBAL

戦争と機能的ファッション

20世紀は2つの大戦で多くの国と民族の犠牲を強い、局地戦が引き続き後を断たない戦争の世紀でもあった。

戦争は衣服の需要や衣生活に大きな影響を与える。たとえば戦場という極限状況に対応するため、軍服には機能第一の素材とスタイルが要求された。第一次世界大戦中に実戦で使われ、その後ファッション・アイテムとなって一般化したものにトレンチコートがあげられる。トレンチとは文字どおり「塹壕」の英名だが、素材のギャバジンとエポーレット（肩章）、スルーポケット（ズボンに手の届く底開きポケット）など細部の研究がつくされている。

一方、直接戦線に出ることのない女性の生活にも、戦時の影響は強く現れる。とくに日本では、大政翼賛会などによる情報宣伝活動が「贅沢は敵だ」といった思想統制を行い、西欧的な、自由な服装を排撃した。1942年にはジャケットやワンピースの衿をきものの打合わせ風にしたものが女子標準服として制定され、スカートは行動的でないとして野良着から引用したもんぺが推奨された。地方では戦前も洋装が一般化していなかったこともあり、上半身きもの（筒袖）で下がもんぺという姿が日本女性の戦時の制服のようになった。

パリではオートクチュールの閉店や移動があいつぎ、イタリアではフィレンツェのフェラガモが物資窮乏の中で革以外の素材（ストローや布）を打ち出し、クリエイティブな提案を行うなどの例が見られた。

第二次世界大戦に際しては西欧各国が競って素材開発を行っている。アメリカは1938年にデュポン社がナイロンの大量販売を開始しているが、軍需面ではパラシュート素材に多用され品質改良も進んだ。イタリアではムッソリーニが主導してトリノ郊外に人工繊維の製造拠点となる町をつくり、その名からヴィスコーザと呼ばれるアクリル系繊維が開発され戦後の需要につながった。

『服装科学』(洋裁春秋社 1944)
東京の空襲に備える女性のスタイル。

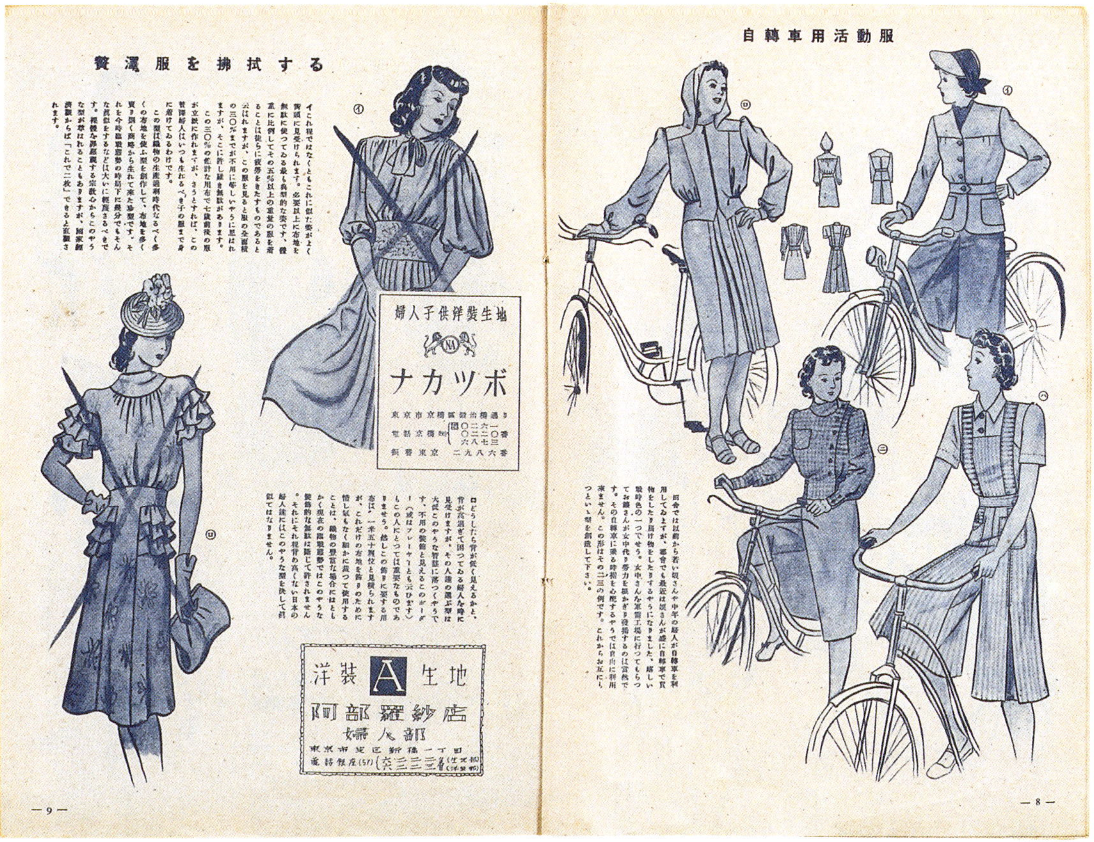

第二次世界大戦時のファッション(洋裁春秋社 1943)。機能を重視し装飾を排した。

都市着の展開

街の視点へ

パリ・オートクチュールは第二次世界大戦後のほぼ15年間、世界のモードの発信母体として重視された。1947年にクリスチャン・ディオールがコレクションで発表した長い丈のスカートは、たっぷりした布使いとハイヒール、ウエストをしぼった女らしいジャケットとあいまって「ニュー・ルック」と呼ばれる。戦争の終結と豊かな生活への夢を象徴するスタイルとしてこの「ニュー・ルック」は世界各国に影響を与えた。この後、1960年代初めまで、オートクチュールの年2回のパリ・コレクション・ニュースがファッションの話題の中心であった。しかし当時は、スカート丈が床から何センチかといった報道が多く、モードの業界と社会との関係にはへだたりが見られた。ファッションが社会的な存在として正当に評価されるには、社会自身の変化と変革が必要であった。

イギリスでは戦後経済の不振から無力感が漂う中、1950年代後半の映画・演劇に新しい動きが現れ、「怒れる若者たち」と呼ばれたジョン・オズボーン、アラン・シリトーなどの劇作家や映画監督らの作品が若者の反体制志向の素地をつくる。ミニ・スカートやドレス・ダウンを初めとするストリート・ファッションの土壌がここに生まれた。

アメリカでは西海岸のサンフランシスコ周辺を中心にヒッピーの存在が活発化する。ヴェトナム戦争反対、徴兵拒否などを主張するフラワー・チルドレンの運動とともに、この時代のファッションのイメージの主流が彼らの風俗にあったといっていいだろう。一方、東海岸ではニューヨークを中心に各都市の変革への気運と風俗の変化が起きていた。ニューヨークでは1960年代半ばにディスコ、ブティックなどが登場し、ボヘミアン的傾向の強かったグリニッチ・ヴィレッジ周辺を中心に若者のファッションが活性化する。またアフロ・アメリカンの存在が文化面でも顕在化する。

そして1968年のパリ、学生が中心となって広がった運動から「五月革命」が起きる。騒動のあったカルティエラタンで、デモ隊の学生が着ていたのはジーンズが主流だった。そこから「ジーンズ革命」という名が生まれ、この頃の各国の反体制運動もそのように表現されたのである。

「ブルー・ジーンズ」2001　撮影：与田弘志
ジーンズは労働着に始まって20世紀を象徴する都市着となった。

日本の場合は、これら各国各都市の文化的革命の波をほとんど同時間帯で体験している。これは、海外の芸術文化の潮流につねに時差を持ち、受信する側として接してきた日本の文化史上の初めての出来事ではなかっただろうか。もちろん、学術の専門領域において国境も時差もなく交流が進められていたとしても、広い市民レベルで主張をともにし、風俗の似通う現象が生まれたことが、この1960年代後半と1970年代初めの歴史的特徴なのである。そしてこの時代の重要な因子としてファッションが存在する。

ジーンズで戦ったこと、ヒッピーが長髪とヒゲでクルタ（インドの長シャツ）を着ていること、ロンドンの娘たちがスカートをひざ上で切ってしまったことなどから時代の特徴を読みとることができる。これはファッションが時代感覚を顕在化させるということの例証である。

ジーンズについては、体制の管理者である成人男性の大半がスーツで身を固めているのに対して、スーツを拒否する反体制の若者にとってのユニフォーム的役割を果たしていた。

性別、年齢、社会的・文化的背景と関わりなく着用できることがジーンズの普及の理由でもあった。

ファッションの機構にも変化が現れ、パリ・オートクチュールが一部の特権階級を中心に構成されてきたのに対し、消費層の拡大からプレタポルテ・ビジネスが台頭し、1973年にはプレタポルテ・コレクションが組織された。1980年代に入ると、安定度を増した経済的な状況を背景に社会の気運は保守化に傾く。異議申し立てを行った70年代の若者も、潮が引くように社会の成員となっていった。

消費の時代が到来し、ファッション産業はコレクションという年2回（春夏・秋冬）の販売促進事業への投資を拡大するようになる。英語のレディ・トゥ・ウエア、フランス語のプレタポルテ、日本語の既製服。こういったファッション・ビジネスが、パリ・コレクションを筆頭にロンドン、ミラノ、ニューヨークなどの都市でコレクションを行うようになり、日本でも1985年からCFDT（東京ファッションデザイナーズ協議会）主催の東京コレクションが始められている。

パリは歴史的に世界のファッションの発信地としての条件を備えて

いる。文化芸術の中心であるだけでなく、繊維から宝飾小物に至るまでの、ビジネスとクリエイティブ活動の情報の集積地であり、それを求めてジャーナリズムもまた集中する。日本人デザイナーの活躍は、パリの高田賢三、東京から参画した三宅一生に続いて、1981年に川久保玲、山本耀司が初参加し、注目の発信源となる。1980年代のパリの保守的傾向に対して、日本からのデザイナーは服についての根本的な問いかけを発するようなデザインを携えていた。三宅一生の「一枚の布」が象徴するのは、着る人の感覚を主体として、身体を覆う布が造形されるというセンシュアスな服の捉え方である。これは、構築を重ねて人体に沿う造形を目的としてきた西欧の衣服の常識に対する反論である。と同時に、ギリシア以来の女性像に直結するような本質的な魅力を備えてもいる。また川久保玲、山本耀司らは、まず徹底したモノクロームの美学を持ち込んで印象度を強くした。彼らも三宅一生の場合も、服づくりの発想時にはまずテキスタイル・デザインがある。西欧のデザイナーも、フォルムのデザインと同時にそのフォルムに適合するテキスタイルを求めてはきたが、従来の方法論の逆転を問いかけられるような、日本人デザイナーによる創作が登場したのである。

西欧の構築的な服に対して、総じて日本のデザイナーの服は非構築的であることを特徴としていた。ルーズなシルエットが新鮮に思われるファッション傾向の時代でもあった。西欧の伝統に加えられたハイブリッドな発想に立つ故に、素材も形態もかつてない提案として歓迎されたということもできる。これを前衛として受け入れたのは、パリが伝統的に持っている異文化許容の風土であり、1990年代に入ってその影響を見せるヨーロッパのデザイナーも育っていった。

ファッションは20世紀の終わりに、捉えどころのないほど拡散した現象を見せて次の時代に入ろうとしている。その現象のいくつかを点検することで1990年代以降のファッションを概観してみよう。

Comme des Garçons 1994 - 95、秋冬　撮影：高木由利子 ©

Yohji Yamamoto 1993、春夏　撮影：高木由利子 ©

Issey Miyake 1993、春夏　撮影：高木由利子 ©

消費とファッション

ファッションの成立する理由の一つに消費行動がある。高度産業社会に身を置いている限り、我々の生活は消費に依存している。現在の成熟した都市環境では、着るものは肉体の保護などの目的で買われるより、商品としての記号的価値に購入の動機が集中する。この場合、記号とは情報によって伝えられたものが多く、その伝播経路は、広告媒体や、口コミと総称される人伝えの情報も多い。また、商品の持つ記号性が「選ばれたもの」「優れたもの」「希少価値」などといったステイタス・シンボルの領域に属しているのは、歴史的な背景から考えればパリ・オートクチュールのブランドであり、その他大都市の老舗や高級品店のものである。

ブランドの商品が本来持つ力についてここで触れることはできないが、我々は記号化した「ブランド」へのとどまることのない購買現象を現在目撃しているといえよう。一方に、生産地を海外に求めるなどの、マーチャンダイジングにより、単価を極度に抑えたカジュアル・ウエアが勢いを見せている。大量生産、大量消費を可能にする生産と販売のシステムから生み出されるTシャツやボトムスが語るのは、ファッションのどのような変化であろうか。人々は自己のアイデンティティを追い求めてファッションに個別の特徴を要求してきたが、かつてはファッションにのみ求めることのできた記号的価値が、それ以外の商品、たとえばゲーム、エンターテインメント領域などへと拡散して存在するようになっている。その中には、アニメやマンガのように、ヴァーチャルなイメージが先行してコスチューム・プレイやさまざまな変身願望をかなえる基盤も生まれている。アイデンティティやテイストの主張も拡散し、衣服についてはユニフォーム化ともいえるカジュアル・ウエアへの傾向が強まっている。

ストリート・ファッション

1960年代初めのロンドンで、土曜の午後のキングズロードに行くと見られるというファッションがあった。「お祖母さんの箪笥から引っぱり出した古着」と形容され、その言葉どおりの名のブティックもできて賑わったストリートのファッションは、古着と中近東やインドにルーツを汲む民族衣装の引用だった。ビートルズやローリング・ストーンズのスタイリングはここキングズロードのストリート・ファッションから生まれていった。「スカートをうんと短くして憂さを晴らしたい気分」と、毎日短さを競った女の子たちから「ミニ」丈のスタイルが生まれていった。

日本では1960年代半ばのみゆき族、1970年代終わりの竹の子族などの現象はあったが、広範に若い層をまき込んだストリート・ファッションとしては、渋谷カジュアル＝渋カジと呼ばれる1980年代終わりの流れが目立つ。渋谷という山の手の中産階級を後背地に持つ商業地域では、Tシャツのロゴで差別化を図ったり、保守的にならない程度のカジュアル性を表現した。しかし、以前のデザイナーズ・ブランドや、続くキャラクター・ブランドの隆盛に対するアンチテーゼとして渋カジを捉えると、ストリート・ファッション本来の特徴が読みとれる。つまりいつの時代も、目の前の現実をエスタブリッシュメントとして受け止め、若者だけに通じ合えるアイデアを、細部のデザインや着装に託して提案する動きが自然発生的に生まれているということだ。これがストリート・ファッションである。ストリート・ファッションは、ある程度顕在化した段階でコレクションなどで発表するモードにとり込まれることも多い。キングズロードのミニスカートが、パリ・オートクチュールのクレージュの目にとまり、新開発の素材とともに洗練された「ミニ」丈のモードとして完成し、世界の流行をリードした例は、この一連の動きを象徴するエピソードだ。

1990年代終わりの東京は、ストリート・ファッションの装置ともいうべき街並みが増え、セレクト・ショップが台頭し、一点製作のクラフト的な服から少量生産のアパレルまで変化に富んでいる。製作者たちは自分のこだわりを認識し、共感者を求めているが、すべて試作、実験作という製作状況にあることも否めない。この中からプロフェッショナルなデザイナーが定着するのだろうか。いや、プロを志向しないことにストリートの真髄があるともいえるのである。

「JUN」1969　撮影：与田弘志

右ページ：1982年のフレンチボーグ誌に掲載された原宿のストリートファッション　撮影：広川泰士

「パンクな少女　ロンドン1980」
撮影：小林昭

column

1：Paul Poiret　ポウル・ポワレ（1904-1925に活躍）

ポワレは20世紀の新しいファッションの最初の改革者であった。1909年、パリには野獣派（フォーヴ）や立体派（キュビスム）やディアギレフのロシアバレエなどが到来して熱気が渦巻いていたが、ポワレもその一翼を担い成功を収めたのである。

空想家で贅沢好きの彼は、ハレムやお祭りや饗宴の世界を再現してみせた。フロアにクッションを敷きつめ、毛皮につつまれたアシスタントたちの侍る彼のサロンはさながら千一夜の国で、彼の宴会や仮装舞踏会は伝説化されていた。仮面舞踏会ともなれば家全体が東洋の王宮と化し、夜をこめて香が薫かれ、舞姫が舞った。そして庭園の玉座にはモード界のサルタンを以て任ずるポワレ自身が崇拝者たちにとり囲まれて座っているのだった。

ポワレの改革は女性を直線で捉えたところにある。何百年来、身体をつつんできたごてごてしたカーヴは過去のものとなった。彼はコルセットをしりぞけ、ブラジャーなる乳押さえを創始した。またハイウエストの流れるようなドレスや、チュニックをつくってウエストやバストをゆるめる一方、裾巾は極端にせばめられた。ご婦人方はこんな歩きにくいスカートで悦に入ってちょこちょことパリの街を小刻みに歩いた。

ポワレは近代的なすらりとしたシルエットの女をつくり、ありとあらゆる彩りや夢をもたらしてくれた。エドワード王朝風の地味な洗いざらし調に代わって、赤、緑、紫、橙、コバルトブルーといった、フォーヴやロシアバレエ系の派手な原色が取り入れられた。ポアレの側近には芸術家が多く、ラウール・デュフィなどもそのアトリエの一員であった。

総じて独創的な服ではあるが、ときには滑稽なものもあった。トルコ風ズボンや小さなターバンや、キモノスタイルや房飾り、ランプシェードのようなミナレットドレスなど。イヴニングには刺繍やビーズ、金銀のアラベスクがつきものだった。彼は異国趣味で、マタハリなどの舞踏衣装をも手がけていたし、お客の一人一人が彼にとっては芝居の主役にほかならなかった。ポワレはその演出者だった。

その生活態度といい、服飾センスといい、ポワレはたしかに当時のパリの精神をよく捉え、お顧客《とくい》や友人たちのために、王侯美姫や孔雀や宝石箱の世界を目のあたりに再現してみせたのだが、しかし20年代に入りこうした東洋趣味がうすれるとともにポワレの名声も色あせていった。

2：Les Soeurs Callot　キャロ姉妹（1895-1937に活躍）

ロシア系であるキャロ三人姉妹はフランスに生まれた。キャロ・ハウスは、いってみればエレガンスの一つの頂点であった。彼女たちはリボンや下着の店から始めて、やがてクチュールとして一家をなし大いに名声を博した。ヴィオネ、ルイズブーランジェなどがここで働いていたこともある。

キャロ姉妹の影響は今世紀初頭のファッションの各段階に行きわたっている。ベル・エポックにはレースドレスを、第一次世界大戦前には流行の直線的シルエットを打ち出し、また贅沢や高級品嗜好の伝統もおろそかにせず、名人芸に徹し、シルクやラメ、ベルベット、サテンなどの素材を使った、細かいところまで気を配ったドレスをもつくってみせた。20年代になって初めて膝から脛がむき出しになったのだが、キャロ姉妹のシース（さや型）ドレスは中国風のモチーフを駆使し、スカラップやパネルやビーズ、刺繍などでその足を美しく縁どったのだった。

ロシア人の血を引くせいか、パリを風靡した東洋志向ゆえか、キャロ姉妹も中国風のけばけばしさにかなり魅せられたのだった。刺繍にしてもモーヴとシャルトルーズグリーンの上に蓮花のクリームやピンクを配したりした。翡翠やエメラルドの緑にラピスラズリの青、また黒とオレンジのコントラストといった具合に。金銀の縁飾りも用いられた。スカートに睡蓮が漂い、パネル仕立ての華麗な鳥の羽根が全身に広がっていたりする。また、唐時代の木彫りの女性像をしのばせるものもある。

キャロ姉妹は直線のドレスのみならず、20年代のあらゆるファッションをつくった。ラウンジ・ウェアや、チュールのスカートをかさねてバラの造花を配したイブニングドレスや、粋なプリーツスカートやミディ・トップなど。時流にのったものとはいいながら、その趣味のよさ、丹念さゆえにキャロ姉妹のドレスは一種古典的な不滅性とエレガンスを保っている。キャロ姉妹の店は、世界中の社交界に生きる人たちのメッカであった。

3：Madeleine Vionnet　マドレーヌ・ヴィオネ（1912-1939に活躍）

偉大な芸術家魂の持ち主ヴィオネ。彼女はパリの自分のサロンで、アールデコの美しい家具や縞の毛皮や、デュナン描くところのラッカーの卵の殻におさまった自分の肖像などに囲まれつつ1995年の春、98歳の高齢で亡くなった。彼女の色であるバラ色づくめで長椅子に横たわりながら、客があるとさもうれしそうに、いつもの口ぐせをくり返すのだ。「ね、いいこと、わたし、ファッションなんてつくったこともないし見たこともないのよ。いったいファッションて何だかさえ知っちゃいませんよ。わたしはただ、これぞと思う服をつくっただけ」。事実、ヴィオネは流行の創始者ではなかった。誰も彼女を模倣しはしなかった。第一、誰にも模倣できなかったのだ。

ヴィオネはロンドンで出発し、キャロ姉妹の下で働き、ドゥセのデザイナーを経て自分の店を持ち、仕立てのうえでの傑作とされる服を数々つくった。裁断が重大問題となった。バイアスの使用や斜めのカットで、ドレープや流れが出せるのだ──。ヴィオネのドレスのあるものは、三角や四角の複雑巧緻なカットのおかげで脇あきも背あきもないのに頭からかぶることができ、しかもぴったり体にフィットする。美しい体形を見せるためにこれほどみごとなショーケースがつくられたこともかつてなかった。

ヴィオネは材質を重んじ、バイアス裁ちのできる布をわざわざ織らせもした。透明でしかも鋼のように強い布もあった。シルクは45インチに織らせたが、それまではその半幅しかなかったのだ。裏地と決っていたクレープデシンを表地に用いたのも彼女である。

ヴィオネはあたかも建築家であり、彼女の作品はすべて芸術作品であった。真の創造者として、均整やバランス、ドレスとそれにつつまれる体の持つリズムの調和をはっきり摑んでいたのだ。ヴィオネのドレスはよけいな装飾を拒否した本質的なもので、色も黒、象牙、ベージュ、茶、草色など。それにもう一つ、お気に入りのバラ色。バイアスは、運動シャツや外套の襟線やペタルスカートや、ハンカチのようにひらひらした薄地のスカートにまで用いられたが、こうした名人芸はほとんど目立たず、ドレス全体の見かけはごく単純であった。

ヴィオネはたしかなところ20世紀のもっとも尊敬すべき重要なドレスメーカーの一人であり、彼女のドレスは20年代30年代のみならず、ヴィオネ・ハウスが閉じたあとまでも、社交界の女性たちのあこがれの的であった。

4：Coco Chanel　ガブリエル・シャネル（1915-1971に活躍）

20世紀の新しい精神を積極的に理解し、解放された近代女性たちの服装のあり方を教えてくれたのがシャネルである。第一次世界大戦が終わると、女たちはお勤めに出たり地下鉄に乗ったり、レストランで食事をしたりカクテルを飲んだり、頬紅をつけて足を人前にさらしたりするようになった。シャネルはそうした女性の自主独立性を服装に示した。社交界の女たちが戸外を一人歩きするようになったのを見て、シャネルは、いっそ彼女らも勤労女性ふうに装った方がシックだと思いついた。

ウール・ジャージィの簡素なドレスがつくられた。お顧客《とくい》さんたちはこうした膝までのストレートなドレスにカーディガンをまとったり、簡単なスカートやスラックスとセーターを組み合わせた、あっさりしたベージュのジャージィやカシミヤのスーツで外出するようになった。髪は短く、シャネル自身と同じようなショートカットで、ベルベットのベレーやフェルトのクロシェをかぶるのである。イヴニング用には、ラメ入りの布やレースで黒鉛色や緋色やベージュのドレスがつくられ、ここでもラインは単純でスマートなすっきりした感じになった。

こうして服自体を極端にきりつめておいて、初めてシャネルはその飾りつけに手をそめた。エメラルドやルビー、サファイア、金鎖、それに真珠など。それもほとんどの場合、ガラスや模造の貴金属であった。シャネルは人造宝石を大衆化し、宝石の使いようでお洒落が贅沢にひきたてられることを女性に教えた。

服装や着こなしというものについてのシャネルの考え方は、従来のファッションを完全にくつがえすほどの革命的なものだった。シャネルは女性自身とその本質的な属性だけを残してあらゆる余分なものを一挙に取り払ってしまったのだ。まっしろいシャツにプルオーバーのスウェーター、両手が自然にすっと届くところにつけられたスカートのポケット、カーディガンジャケットのスーツなど、これらはいずれもシャネルによって開発され、今日の服装の基本になっている。

20世紀のデザイナーのうちで、シャネルほど生活様式の変化や経済的社会的要求を理解していた人がほかにあろうか。新時代の、スマートで機能的な建築や家具と同じように、彼女の服は20年代そのままで今日にも通用するのである。シャネルは1939年にいったん店を閉じたが、45年にふたたび復帰した。そして日に6回もアトリエに通うほどに、最後まで活発で精力的な仕事ぶりであった。

5：Elsa Schiaparelli　エルザ・スキャパレリ（1928-1958に活躍）

エルザ・スキャパレリはイタリア人で、第二次世界大戦の10年ほど前にパリの裁断師になった。彼女の店はパリでもトップクラスであり、オートクチュールというものの本質を理解することにかけて、誰にもひけをとらなかった。その作品は彼女独自の線を持ちながら、完全に古典的伝統にのっとっていた。小さな黒のドレスや、細身のディナー用の黒のロングドレス、完璧なスーツをお顧客《とくい》たちのためにつくった。とりわけプロポーションのセンスは抜群で、長いドレスにはボレロをそえ、羽根とか反り返った鍔《つば》をちょっとした小道具にした小さな可愛いらしい帽子をのせて、うまくバランスをとるのであった。

そうした飾りやトリミングなどに、彼女独特のイタリア式お楽しみぶりが発揮された。彼女の服には、どこかしら道化芝居《コメディア・デ・ラルテ》調の粋なふざけたところがあった。スウェーターに、だまし絵《トロンプ・ルイユ》風にカラーやネクタイを編み込んだりすることから始めて、彼女は次第に気ままな想像の翼をのばしていった。お顧客《とくい》たちは、縁飾りがマトンのチョップだったり、スリッパが頭上についている帽子や、ポケットが事務机の抽斗だったりする上着を受け取り喜ぶのであった。芸術家や演劇人の刺戟も大きかった。みな彼女とは友人で、コクトーの描いてくれた絵をイヴニングに刺繍したり、ダリのデザインでプリントをつくったりもした。世界を旅していても、そこらを散歩するときも、目に入るものことごとくが彼女の想像力を触発した。北アフリカ調の蝶やとんぼを襟元にくっつけたり、上着にバルカンの御者風のポケットを貼りつけるかと思えば、ドレスのプリントの模様がなんでもない花の種子の袋だったり。

スキャパレリのコレクションは、しばしば一つのテーマにしぼられた。「サーカス」の題では、ダイヤモンドづくめの小馬や羽飾りがボレロに刺繍された。「音楽」のこともあった。彼女の手にかかるとアクセサリーはたんなるアクセサリー以上のものになった。ボタンは仮面や帽子の玉房やヒトデに変じた。手袋が肩を飾るための袖であり、爪を持つ手であった。デザインのみならず色の取り入れ方も大胆で、ひなげしの色、緋、すみれ色、紫、ピンクなど、マチスなどのフランス近代画家たちの色調が入り乱れ、羽根にまで用いられた。いわゆるショッキング・ピンクこそ、ほかでもない彼女が初めて使った、彼女の色だ。

合成繊維やジッパーの使用も彼女が初めてだ。しかしながらスキャパレリの何よりの革命的意義はその大胆さにある。彼女はファッションの世界にお茶目やふてぶてしさ、遊びを持ち込んだのだった。

「現代衣服の源流展」（1975年、京都国立近代美術館）図録より。文責／小池一子

コンテンポラリー感覚

ファッションは、いま生まれ、いま着られるクリエイションを主体としている。発想の源泉には、歴史上のさまざまな事象、回顧的なイメージ、魅力的な女性像など、また近未来やSF的な世界があったとしても、ファッションはそれらをのみ込んだうえで、いまの生活に提供する。それはモノであったり、イメージであったり、両者が一体となるものであったりするが、中心を貫くのはコンテンポラリー、すなわち「現在を感じ合う」感覚だ。
コンテンポラリー感覚とは？

時代意識　時代の言葉

ファッションをデザインする。ファッションを選ぶ。それらの行動はすべて「現在」を、あなたがどう捉えるかによって決まっていく。

現在とは、あなたが身を置いているいまの時間、そして空間にあり、それは自室の中にも、家の外の街路にも、メディアから流れるニュースの中にも、市場経済にも、政治の状況にもある。

まず自分自身が立っている現在を把握する。いま着ているものの点検から始めてもいいだろう。そして自分の周囲へ観察眼を広げていく。

私たちが立っている現在の時間は、過去と未来にわたる歴史を貫く縦線の一点にある。その一点を軸に、地球の広がりという空間がいわば横線のようにつらなっている。私たちは時間という縦線と、空間の横線の交叉点に立つ存在だと考えることができる。

ファッションデザインは「現在」の創作であり、ビジネスであるので、この交叉点に立つという認識をしっかりつかんでおきたい。

たとえば、レトロスペクティブ（レトロ）すなわち懐古調という表現がある。古着もその中に入るだろう。だが古着を着たり、デザインの素材として扱うとき、過去の服や着方をそのまま再現したのでは単なる復元で終わってしまう。

その古着なり、「モノ」の持つ魅力の何が自分にアピールするのか、また自分が求めているテイストに、そのモノが何を提供できるのか、その判断が重要なのである。過去のテイストやフォルムによりかかるのではなく、現在の感覚に立って、欲しい過去を引き出すことで、現在のクリエイションに活用することができる。

未来への考察についても、現在の分析が基盤となる。フューチュアリスティックなデザインのすぐれた仕事に説得力があるのは、それが現在の生態系の観察に始まる例などを私たちがよく知らされているからである。昆虫の生存に関わる生物学的な特徴が、SF映画のコスチュームに取り入れられている場面なども記憶に新しい。

時代意識とは時代感覚といい換えることもできる。その時代特有の意識がつくる感覚から、さらに時代特有のフォルムが生まれる。英語の「コンテンポラリー」という言葉は「同時代」を意味するが、それは現代の同時代だけを指しているのではない。

18世紀には18世紀に生きた人たちのコンテンポラリー感覚、20世紀半ばなら20世紀半ばのコンテンポラリー感覚が存在したことをあらためて私たちは認識しておく必要がある。その時代の意識と感覚を把握することが、過去を追随して単なる復元のみの仕事に陥らない最良の方法である。さらに、現在のコンテンポラリー感覚で、過去のある時代のコンテンポラリー感覚に切り込むという創造上の冒険に取り組むこともできる。

たとえばコスチューム・デザインであれば、17世紀のシェイクスピアの時代感覚を把握したうえで、2000年代の時代感覚に立つシェイクスピアのドラマを表現する。

その場合どのようなデザイン表現に挑戦することができるだろう。実際、スーツ（背広）を主体とするコスチューム・デザインがイギリスのロイヤル・シェイクスピア劇団などで生まれている。

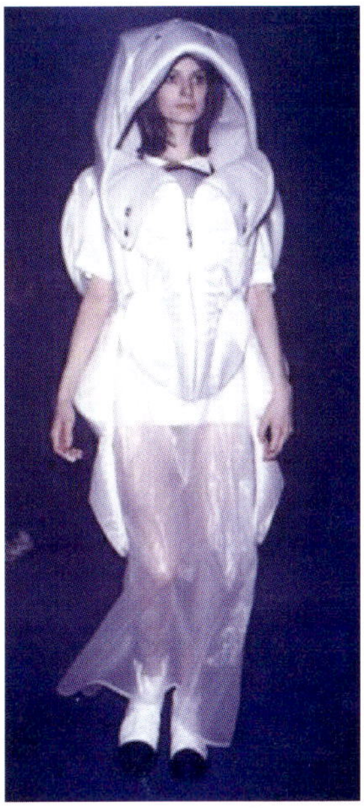

津村耕佑／FINAL HOME「MOTHER」1998。情報が氾濫している時代。外部から“精神的”隔離ができるシェルターも必要なのかもしれない。そして特定の相手とは密にコミュニケートする。母のぬくもりと情報への対応。

ファッションの現在を表現するとき、“このラインがいまのファッションである”というように、「ファッション」という言葉そのものが「流行」を意味する場合が多い。

ファッションを「人体と衣服（装飾品を含む）の関わりに発する文化」として、広がりのある考え方をとる筆者などは、ファッション＝流行という定義には違和感を持つ。ファッションの中の「現在の傾向」を指す言葉に「トレンド」がある。トレンドは一時的な流行を指す表現に適う英語である。年2回のコレクションというカレンダーで、その折々の特徴を表現する場合などもトレンドという言葉が適切だろう。

近代からのファッションの流れが西欧をルーツにしていた背景があるため、日本のファッションの言語は、50音のカタカナ表記であったり、訳語がよく使われる。

しかし、20世紀の服装史や情報の性質から、カタカナで語られてきた表現にもこれからは変化が起きるだろう。ITやマーチャンダイジングの展開により、生産・貿易・流通などの局面におけるグローバリゼーションも進んでいる。エスノセントリック（非中心）な視野に立ち、情報に上下の格差を持たず、多言語尊重の発想を持つなら、さまざまなヴォキャブラリーの出現する可能性がある。ファッション用語辞典が英仏語辞典に準ずるような事態はやがて淘汰されていくだろう。

ファッションに隣接する表現の領域から、現在さまざまな言葉のトレンドが流入してきている。音楽やアートの表現が数多く見られるが、それらのジャンルが時代の気分を表現する言葉をつくり出しているが故に、時代の気分をとり込むファッションの言語として雄弁な例が毎年生まれている。

ヒップホップ、リメイク、リミックスなどはミュージック用語であると同時にファッション言語なのである。

Comme des Garçons Junya Watanabe 1993-94、秋冬　撮影：高木由利子 ©

●ケーススタディ　1

考現学再考 ――採集のすすめ

人が衣服を選び、着用することは個人的な行動であると同時に社会的な現象を構成する。個人の、衣服に関する判断は大別して社会環境と時代環境の中から生まれたものであり、社会環境を細分化すると、固有の家庭環境などの構成要素に至る。個々の人間の感性、志向など「個性」の土壌が、肯定的にせよ否定的にせよ家庭や地域の環境に根ざすことは否めないことだろう。

時代環境は、個々人の好みに加えて時代固有の欲望を生み出す。消費行動による社会現象は時代感覚の表現として、また流行として顕在化する。

1927年の東京で生まれた「考現学」は、現代人の生活ぶりを世相として捉え、後世に残すという展望に立っていた。考古学が過去の物質的な資料を取り扱うのに対して、考現学は現在の人々の行動や習性、消費対象の物品などを記録・分析しようとするものであった。

今和次郎氏（1888～1973）が主導した考現学の方法論はまず「採集する」ことにあった。家庭内でも、都市空間でも、「眼前の対象物」を記録、採集するところから始めて、分析、比較研究が行われる。このプロセスは、衣服およびファッションの現在を研究対象とする者にとっては非常に示唆に富むものである。採集するためには、その前提として「観察する」ことが必要となる。現代の人々の行動や消費物品を観察し、採集するということは現代感覚を検証する最適の方法ではないだろうか。

考現学を主導した今和次郎氏の採集記録は的確であると同時に魅力ある図像を展開している。現在のイラストレーションと記録コメントを一体にしたような考現学の方法論を、武蔵野美術大学空間演出デザイン学科のファッション・スタディでは積極的 に取り入れている。カメラなどのメディアではなく、観察、採集、記録のプロセス が、描くことによってより深められるからである。

今和次郎氏の採集記録に続いて紹介するのは、大田垣晴子（武蔵野美術大学卒業生）の画文による採集記録である。

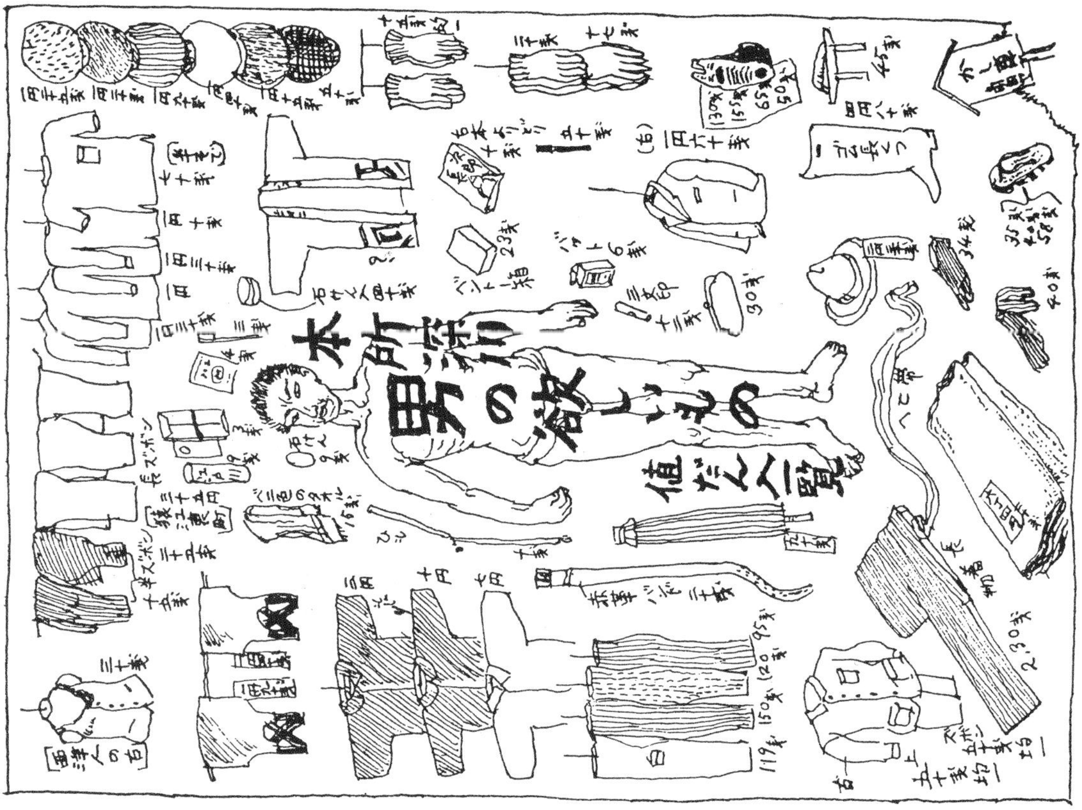

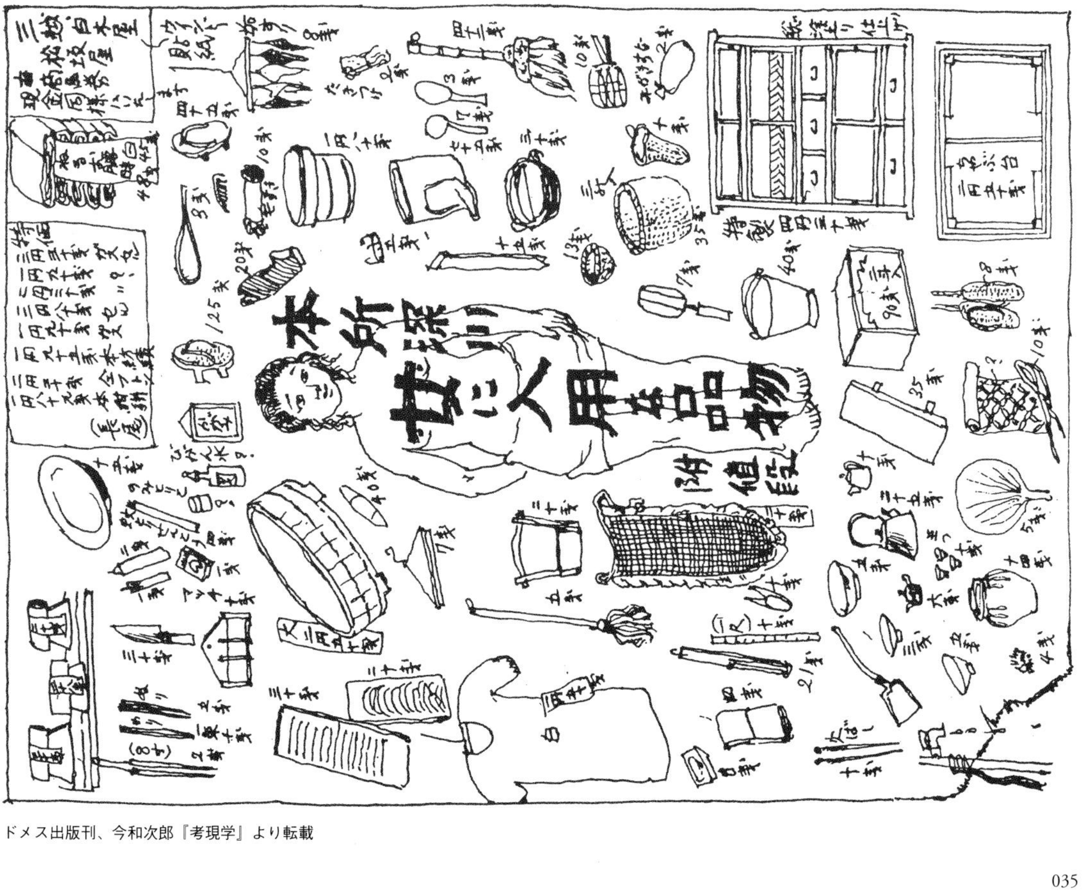

ドメス出版刊、今和次郎『考現学』より転載

●そしてわたしの採集（一九九一年調べ）　画文・大田垣晴子

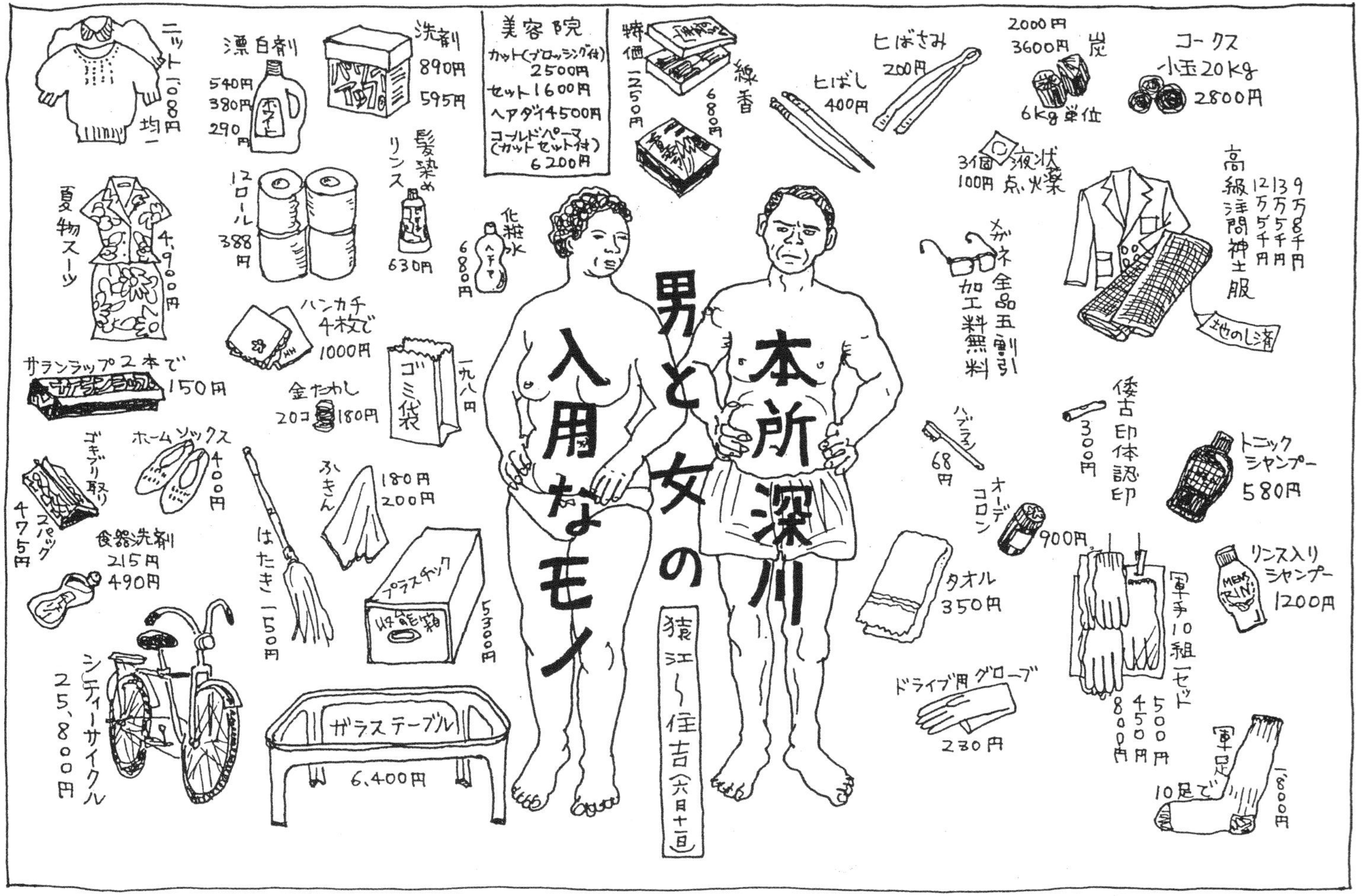

今氏と同様のことを、その六十六年後にやってみよう、という試みが、わたしの初めての「採集」だった。

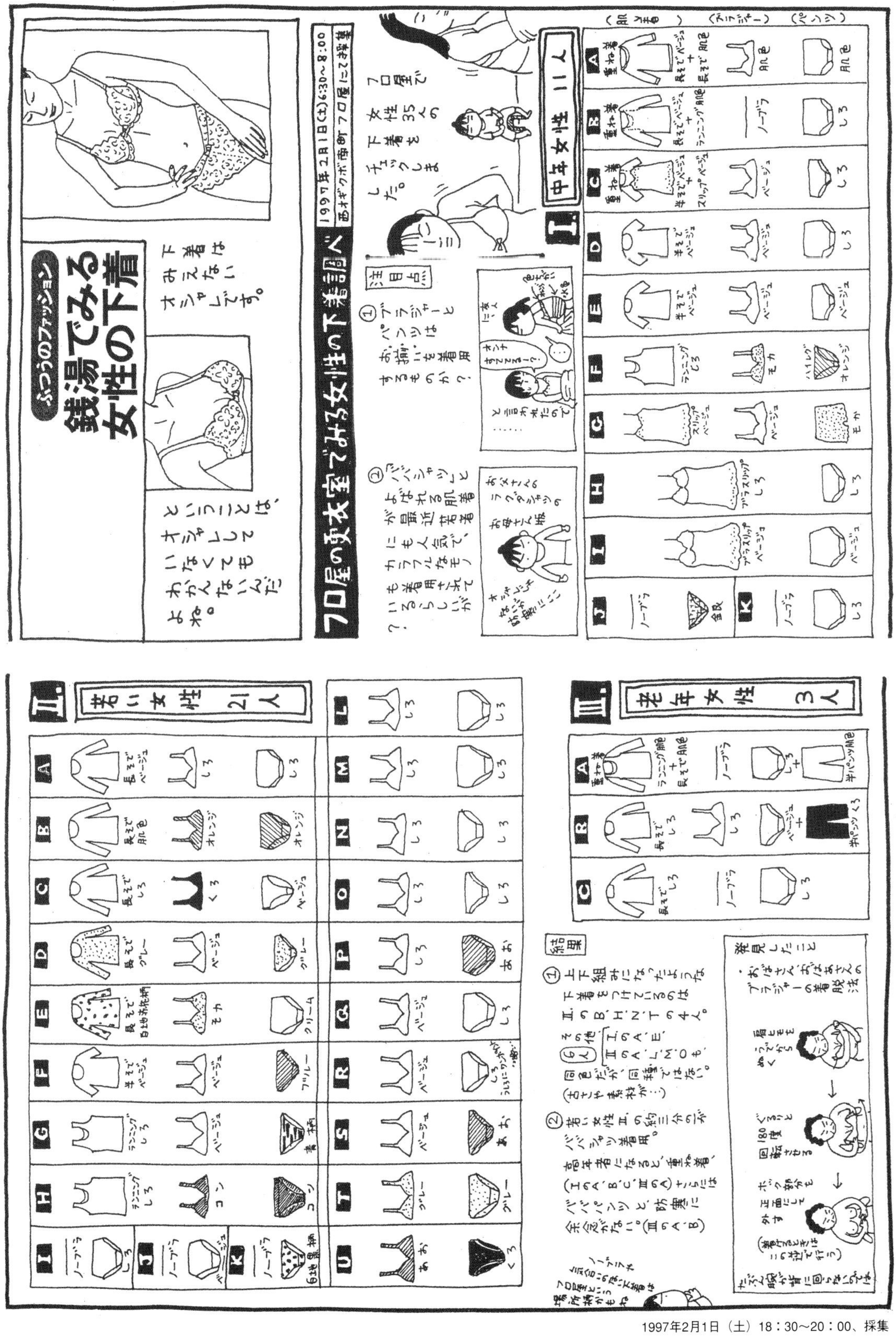

1997年2月1日（土）18：30～20：00、採集

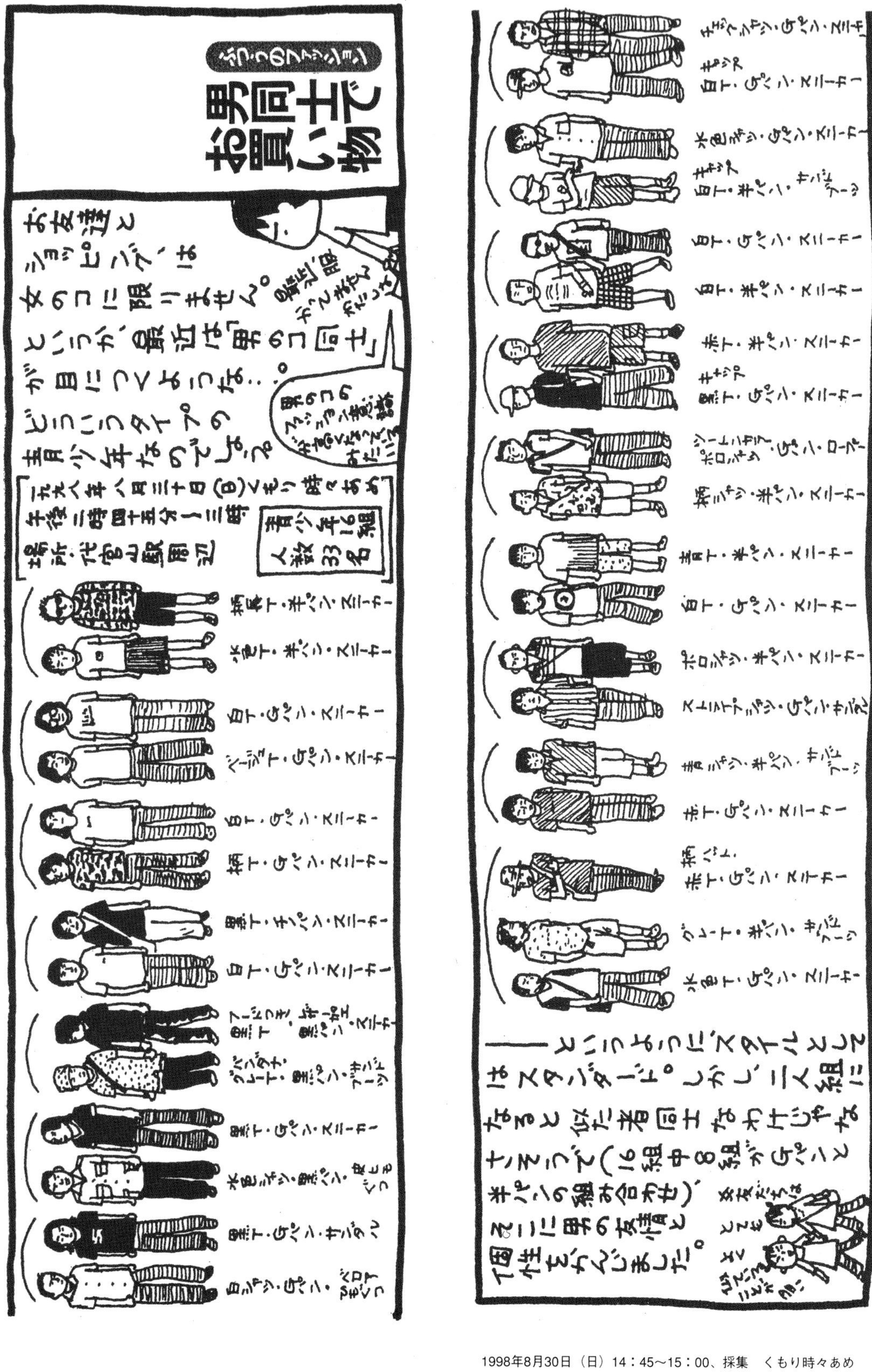

1998年8月30日（日）14：45〜15：00、採集　くもり時々あめ

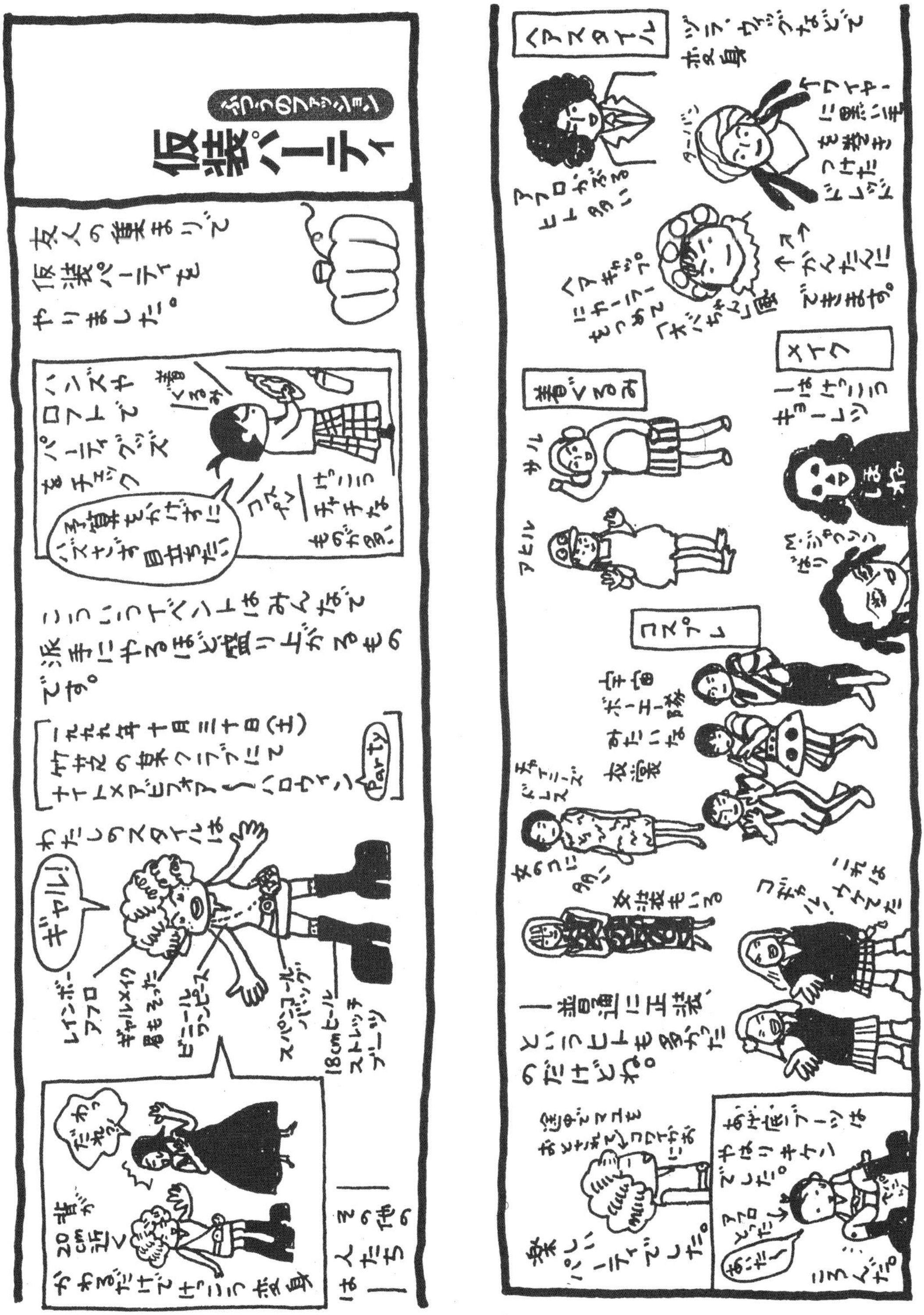

1999年10月30日（土）、採集

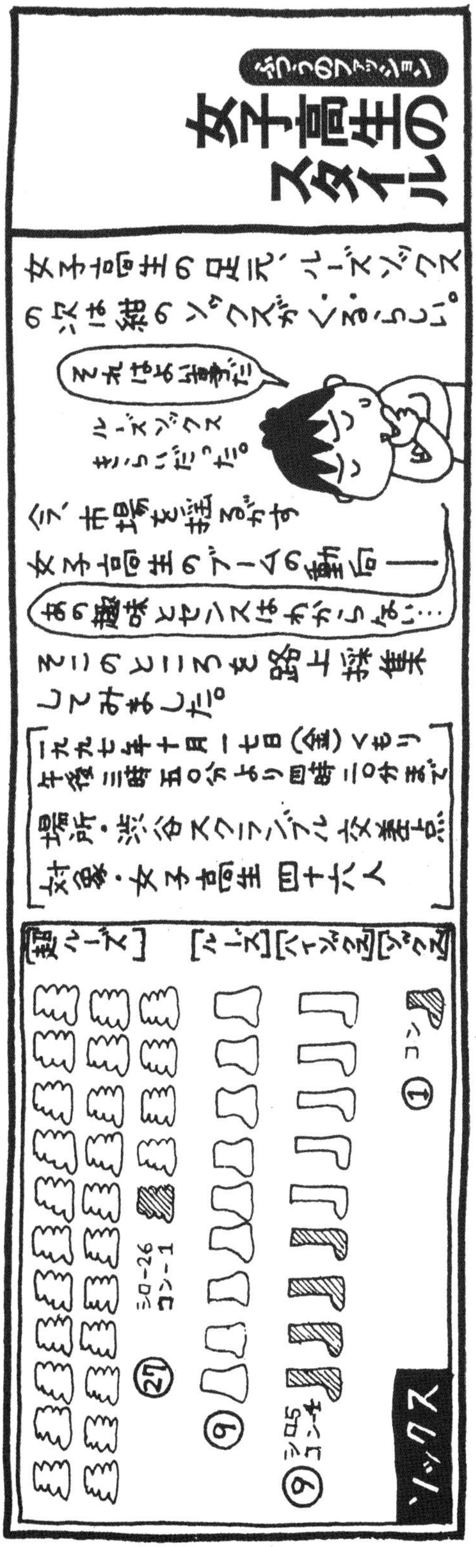

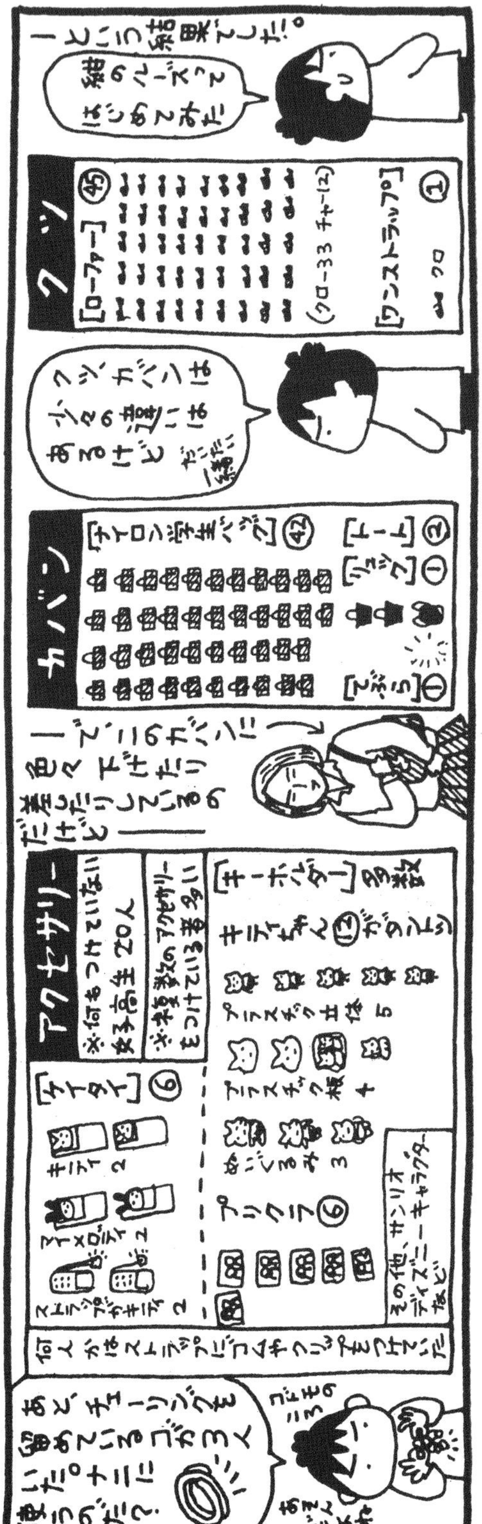

1997年10月17日（金）15：50〜16：20、採集　くもり

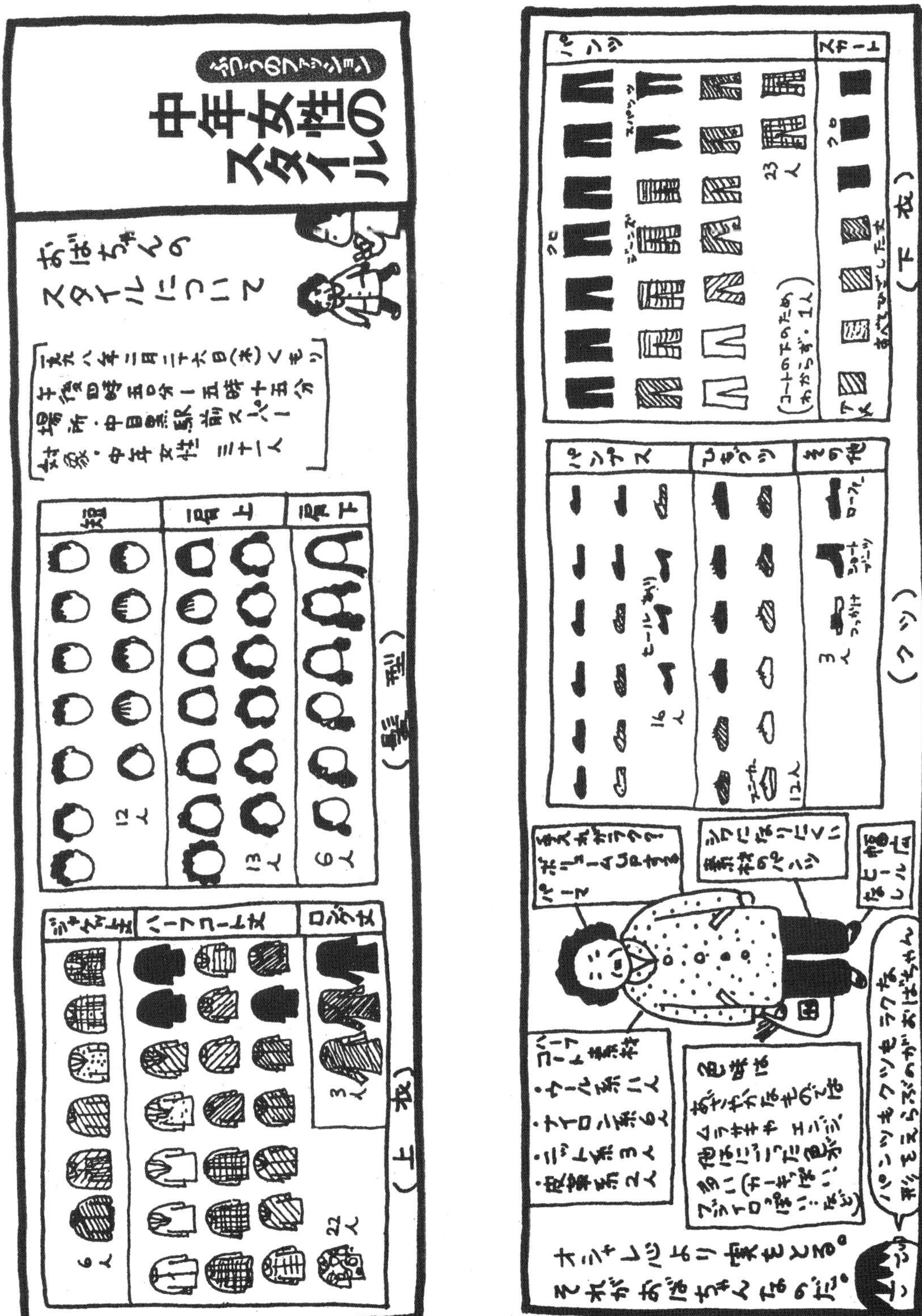

1998年2月26日（木）16：50〜17：15、採集　くもり

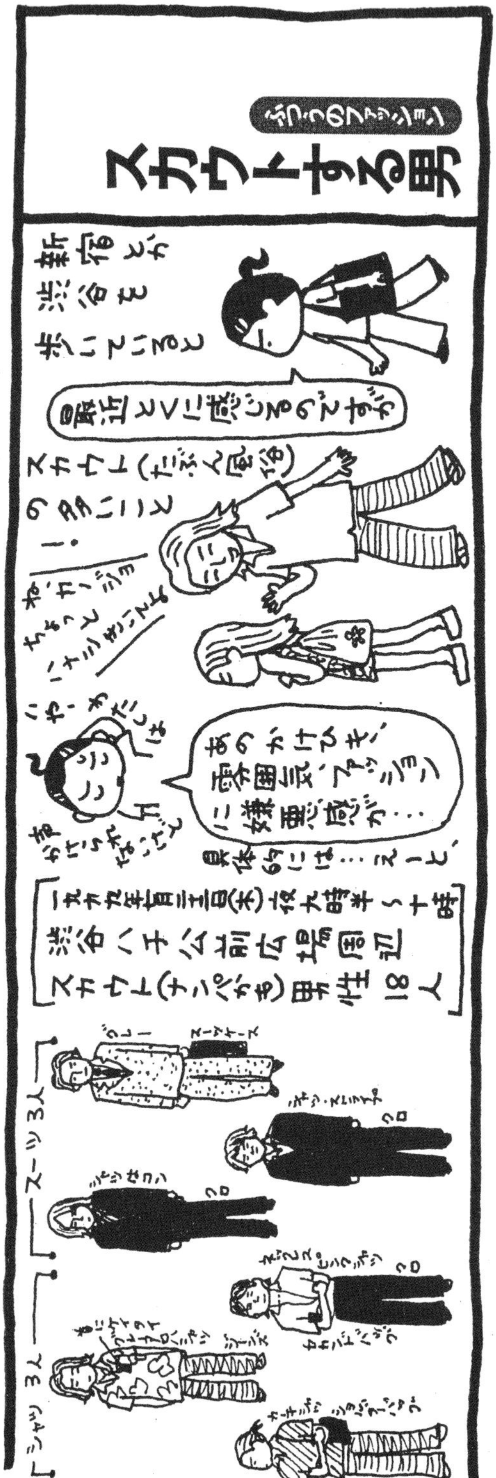

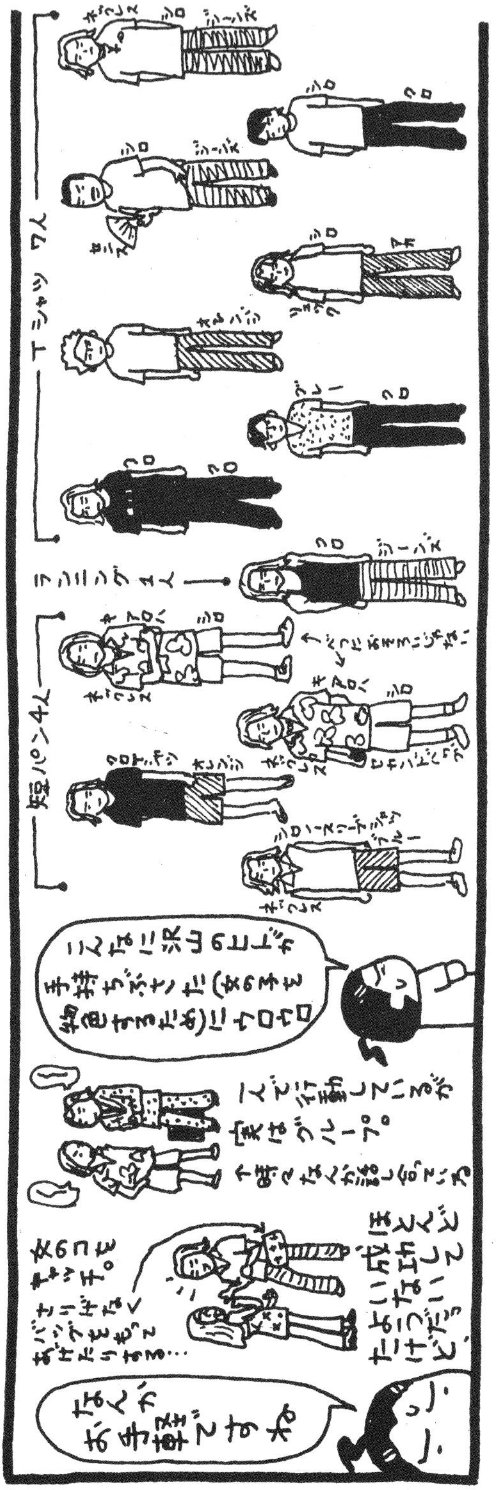

1999年7月22日（木）21：30〜22：00、採集

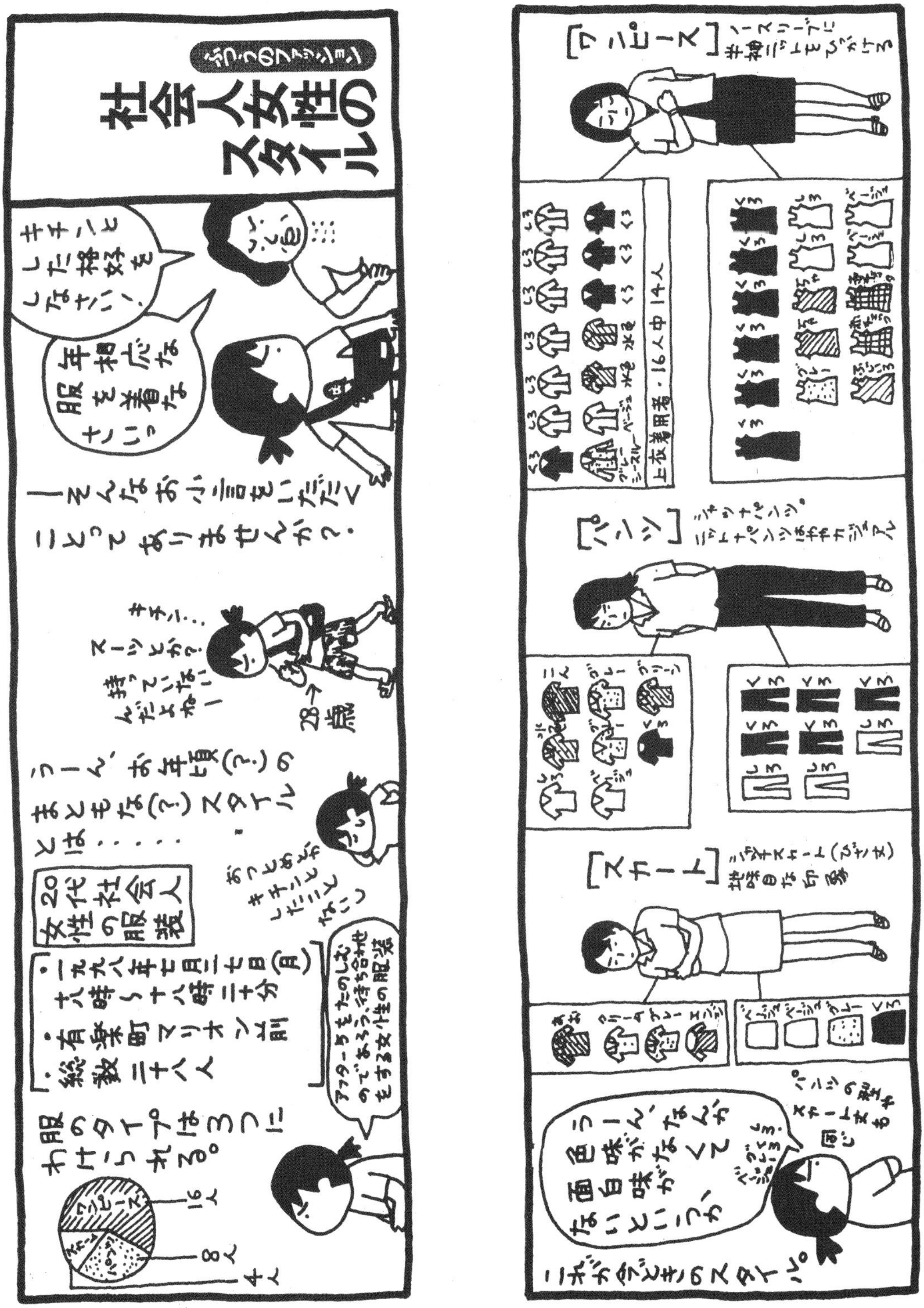

1998年7月27日（月）18：00〜18：20、採集

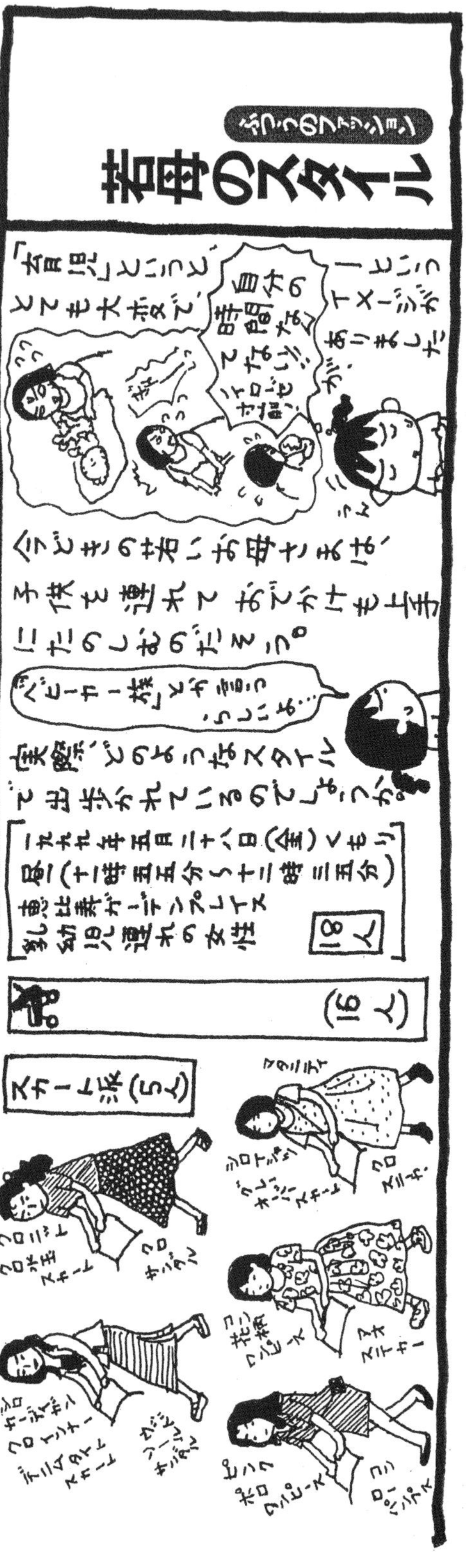

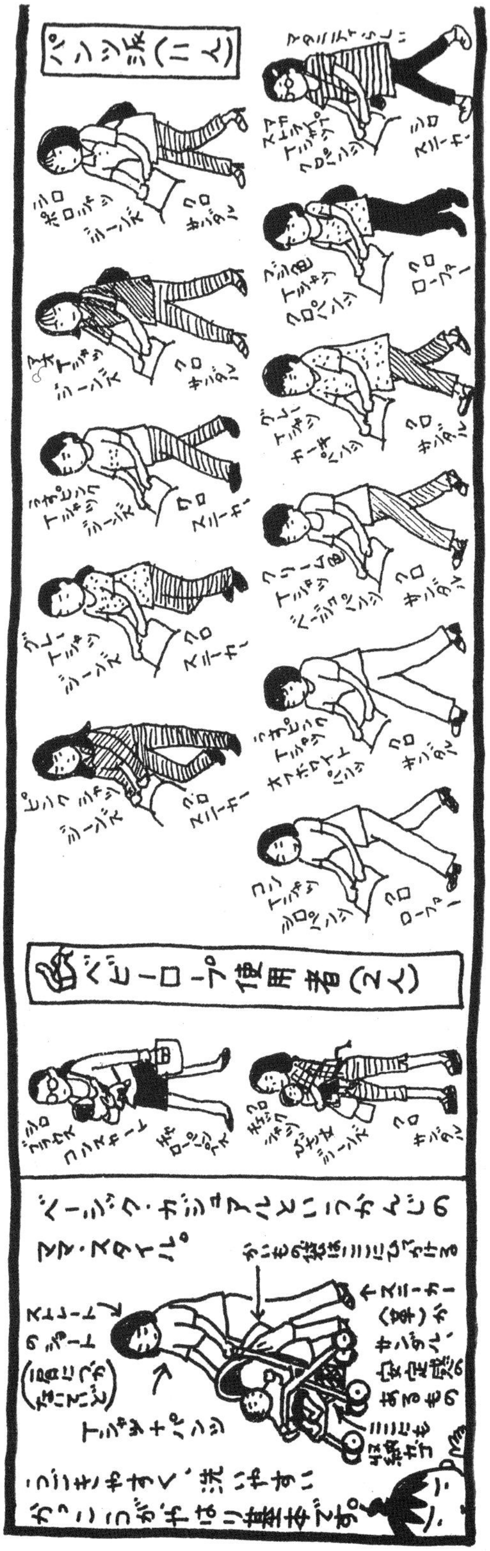

1999年5月28日（金）11：55〜12：35、採集　くもり

表現の領域

ファッションのかかわる領域は、多様で多彩な仕事を含んでいる。
ファッションの表現者たちは、その多様な仕事をどのように思索し、制作に結びつけているのだろうか。ファッションは服をつくることに加えて、どのようなことが可能な領域なのだろうか。
また、この章の後半では、ファッション・スタディの実際を武蔵野美術大学空間演出デザイン学科の研修から汲みとる。ファッションがコミュニケーションのメディアとしてはばたくさまがそこに読みとれるだろう。
アートもデザインも論考も、まず試みることから始まる。

マテリアルとファッション

ファッション創作の素材には、第一に繊維があげられる。歴史的に見ても人体の保護にまず使われたであろう羊毛や蚕のつくる絹などの動物系繊維、山野に育つ天然の綿、麻などの植物繊維があり、これに鉱物系のものを含めて、天然繊維と総称している。

20世紀のファッションがそれ以前の服飾史と決定的に異なるのは、いうまでもなく化学繊維が開発されたことにある。ナイロン、ポリエステル、アクリルその他の合成繊維、レーヨン、キュプラなどの再生繊維、その中間に半合成繊維のアセテートなどがあり、これらを総称して化学繊維と呼んでいる。

1960年代、ロンドンのストリート・ファッションであった「ミニ」への傾斜が、世界の流行の指針となるのはパリのオートクチュールでアンドレ・クレージュが身体を露出するのにふさわしいファブリックの開発とともに彼のミニドレスを発表したことに始まる。

またパコ・ラバンヌはプラスティック板と金属板のユニットを金具でつなぎ止めた作品を1967年に発表している。1968年の「5月革命」が、旧体制への反論であったことと関連して、パコ・ラバンヌが組み立てたマテリアルは、従来のファッション素材に対する問いかけと見ることができる。

織物素材だけが服をつくるのか？ 新しく、また、かつて使われたことのないマテリアルはファッション素材にならないのだろうか？

1980年代初めには古来より日本に伝わってきた和紙の紙子素材を三宅一生がデザインしている。不織布（タテ・ヨコの繊維を持たない構造）としての合成紙のテクスチュアは川久保玲ほか何人ものデザイナーたちが手がけている。

1980年代後半には高次加工素材と総称されるマテリ

パコ・ラバンヌ（Paco Rabanne）「ドレス」1967頃　撮影：畠山崇　京都服飾文化研究財団所蔵

アルの時代に入った。日本のデザイナーがテクスチュアとともに新風を吹き込んだといわれるのは、この時代の素材革新と無縁ではない。日本では綿、麻、絹、ウールなどの自然素材の繊維特質にデザイナーの触発する発想が刺激となって、桐生、八王子などの和服素材産地でもさまざまな実験がくり返され、海外の専門家が注目するような「アートテキスタイル」の登場を見た。同時にレーヨン、ナイロン、ポリエステルなどの化学繊維の技術革新も進んだ。

「新合繊」と呼ばれるポリエステル[*1]の登場は1989年である。風合い、質感に加えて機能性にすぐれるこの素材群はメーカーによってさまざまな加工と名称で展開されている。また1990年代にはレーヨンの新素材としてテンセルが注目されるようになった。テンセル[*2]は木材パルプに化学溶剤を混合してつくったもので、土に戻しやすいため、自然環境を考慮した繊維として期待されている。

テクノロジーの成果がはっきりあらわれるのは、ゴアテックス[*3]などの高度に開発されたマテリアルである。防水性と透湿性という相反するような特性を持つゴアテックスは、生地に特殊な被膜をラミネートしたものであり、スポーツウエア、レインウエアなどに適している。

また鋼鉄の約5倍の引張強度を持つといわれるケブラー[*4]は1965年にアメリカのデュポン社が開発したものである。防護衣料の領域に利用されているが、今後さまざまに活用されるだろう。

衣服が第2の皮膚となり、身体意識に変革が起きるのはこのような素材開発の革命的発展が背景にある。また人体に密着しともに呼吸するような、皮膜にも近いマテリアルが生まれる一方で、逆に人体を意識させる硬質な素材も多く使われるようになった。ビニールやメタリックな硬質素材などは、造形的にもさまざまな可能性を持っていて、ファッション・マテリアルとして見逃せないものである。

クリエイティブな仕事を第一とするファッション・デザイナーは、つねにマテリアルの実験を試みている。化学薬品を使用することによって表層に変化をもたらしたり、異素材を組み合わせ、その伸縮の差異が新しい表層を生み出すことなど、実験には限度がない。最近は形状記憶、体温記憶などの情報が組み込まれた繊維も登場している。

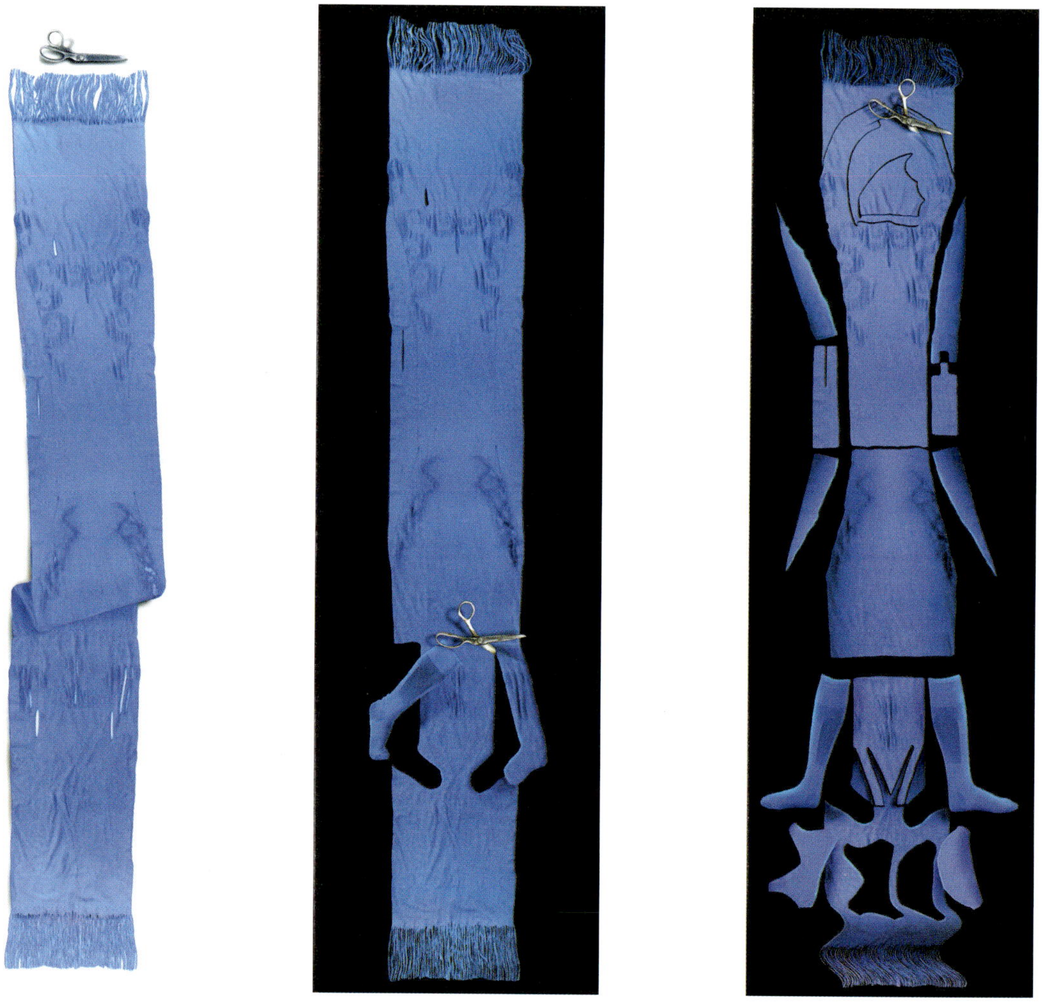

Issey Miyake「A - POC QUEEN」CG制作：Pascal Roulin
テクノロジーと織りのクラフトが一体化した一枚の布から服が現出する。

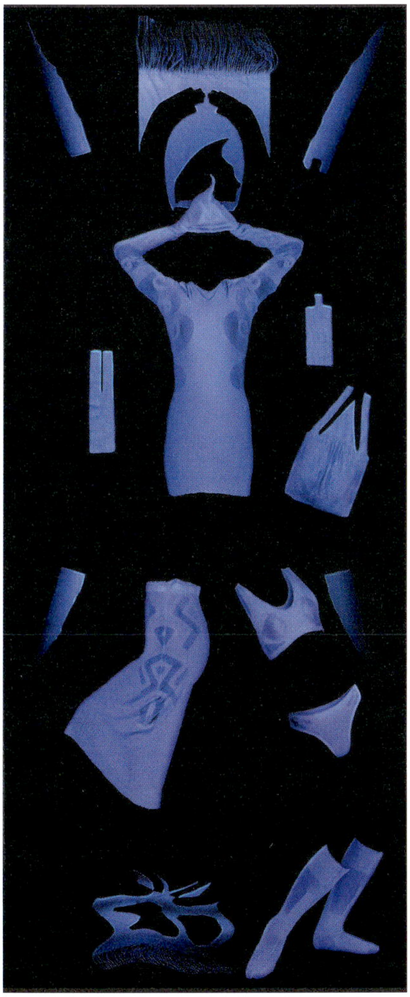

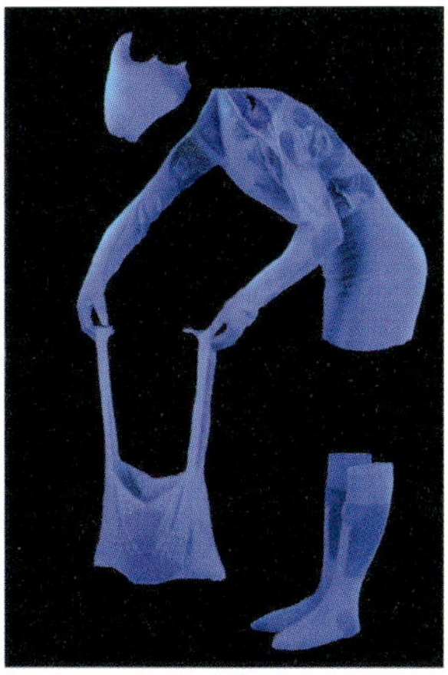

ファッションの飽くことのない欲望が多くの問題を抱えながらも結果的に、生活環境をよりよい未来に導いているようにも見受けられる。

地球環境保護と資源の活用などの意識が高まってきた1990年代に入って一般化したフリースは、プラスチック素材の再使用として注目される素材である。資源再利用の方向としては、紡績の段階で生まれる残糸を編んだジャージィや、ポリエステルのスーツほか、既製服の繊維を混紡するリサイクル・ウールなどの製品化も始まっている。

エコロジーの視点を深めていくと、さまざまなエスニック・ルーツの中に、染織の技術と文化が息づいていることがあらためて感じられる。かつては民族や部族のアイデンティティとして必須の衣服や生活空間の布であった織ものや染めものである。近年では民族衣装として祭りや儀式の際にのみ着る地域も多くなった。都市文明とグローバリゼーションの波がどんな辺境をも洗っていき、Tシャツやジーンズの簡便性が優先する。そのことをただ嘆くのではなく、積極的に現代に生かす試みも各地で行われている。手紡ぎ、草木染、手織りなどの技術が伝えられていくためには、まず需要の創出が必要であり、それらのいわば匠の技を都市着として魅力あるものにすることに、ファッション・デザインが果たす役割は大きい。

註

1：ポリエステル：1950年、英国のインペリアル・ケミカル・インダストリー社で量産が始まった。日本では1957年からテトロンという商標名で工業化された。

2：テンセル：1980年初頭から開発され、後期に本格的に生産されたレーヨンと同類の繊維。原料はレーヨンと同じく木材パルプに化学溶剤を混和してつくったものだが、特殊技法で繊維状にする段階でその溶剤を溶出させ、溶剤は回収して循環利用し、残った繊維は木材パルプそのものなので土に戻しやすい特徴を持つ。自然環境を考慮した繊維といえる。

3：ゴアテックス：防水性とともに透湿性を持つ生地。ナイロンやポリエステルの繊維に透湿、防水を兼ね備えた特殊な皮膜をラミネートしたもの。レインウエア、スポーツウエア、テントなどに適している。

4：ケブラー：1965年、米国デュポン社が開発。結合力が極めて強い高分子の鎖からなる合成繊維。超高強力に特徴があり、鋼鉄の約5倍の引張強度を持つ。また軽量、耐衝撃性、耐熱性なども兼ね備えた性質を持つため、防護衣料、航空機、自動車、建築物などの資材に利用されている。

上：「バティック」1994　撮影：高木由利子©　　インドネシア、Bin Houseの作品
下：「リサイクル・ウール」2001　撮影：広川泰士。ポリエステルのスーツも再生できる長繊維の開発が進んだ。

アートとファッション

ファッション・デザインにとって、密接な創作の領域にコンテンポラリー・アートがある。両者に共通しているのは、「現在感覚」が主題であり、それが価値判断の基準となっていることである。

両者とも同時代人に消費行動を媒介として、製品または作品が授受される。アートの場合は必ずしも売買の関係が成立するとは限らないが、デザインの場合は制作、販売、使用という物品の流れの局面がより明解に見えるのではないだろうか。

同時代人の創（制）作者であれば、デザインの側からもアートの側からも、お互いに共感を持つ美学あるいは美的感覚に、反応したり熱中したりすることがあるだろう。

ファッションとアートの接近は、コラボレーションという表現方法や表現形態で行われることが多い。まさに、共感するコンテンポラリー美学を共作で具現化するのである。前述したように、今世紀前半には、ピカソとシャネルの舞台装置と衣装のコラボレーションが生まれている。身近な例としては三宅一生の衣服デザインに寄せられた、横尾忠則（1976年）、森村泰昌（1996年）、蔡國強（1998年）などのコンテンポラリー・アーティストのコラボレーションがある。これらは衣服デザインの展開の必然として求められるアートワークの例であり、横尾忠則は三宅一生の「一枚の布」の主題に対して、また森村泰昌と蔡國強はポリエステル素材のプリーツを主題として、発想が生まれた。

国際的に見ても各都市の美術館や画廊において、アーティストとファッション・デザイナーのコラボレーションに関する例は数多く行われていて枚挙にいとまがない。

ポップアートの初期から成熟期までめざましい仕事を見せたアンディ・ウォーホルの活動はファッションの社会的存在を見据え、それを活用するという点で一貫していた。既成のアート機構の常識に対する挑戦を試みる彼にはファッション・メディアとの協調が必要であり、彼自身が『インタビュー』誌などのファッション・メディアを創出していった。

ウォーホルは1960年代にすでに、現在のアートシーンを予測していたという意味で先駆者的な役割を果たしたと見ることもできる。

「パラダイス・ロスト」(Issey Miyake+横尾忠則)1976秋冬　撮影：横須賀功光

「Pleats Please Issey Miyake Guest Artist Series no.1 Yasumasa Morimura」
1996 Photo.by Yasuaki Yoshinaga

「Pleats Please Issey Miyake Guest Artist Series no.4 蔡國強、ドラゴン・エクスプロージョン」1998 Photo.by Yasuaki Yoshinaga

フィレンツェ・ファッション・ビエンナーレ、1996。ピッティ宮での展示

ここで注目したいのは、ファッションそのものがアートワークおよびアートエキジビションの主題になるという、1990年代以降の流れである。これには大別して2つの現象が見られる。

第一にはアーティストのファッション領域への参入ともいえる現象である。スイスのアーティスト、シルヴィー・フルーリーは現在の世界のファッション状況そのものを現代美術の作品としてとりあげる。有名ブランドのロゴタイプ、マーク、ショッピング・バッグなどを扱い、消費の状況を提示することで観客を覚醒させる。だが単なる客観視ではなく、彼女自身がファッション・ヴィクティム（犠牲者）であることに没頭しつつ告発するといった2面性を備えている。

ファッション状況を主題とするアーティストの例はほかにも数多くあるが、それはなぜなのだろうか。ここにおいて私たちがふたたび認識する必要があるのは、市場経済に現れたファッション・ビジネス像とそのグローバルに巨大化したイメージの連鎖である。目前の現実を発想の核の一つとする現代美術のアーティストにとって「ファッション」が、印象派を含む近代の画家にとっての「自然」と同じように、創作者として関わる主題となることは当然のことともいえるだろう[*1]。

第2に、ファッション・デザインのアート領域における顕在化の現象である。ファッションはアートか？ といった否定的な設問も多く見られる。だが答えはイエスでもノーでもあり得るだろう。すぐれた創作としてのファッション・デザインは、その領域ゆえにアートの外側に置かれてはならない。またアートの表現形態の中に、ファッションの萌芽となるもの、あるいはファッションそのものを見ることもある。

トレンドなどの一時的傾向ではなく、衣服形態そのものに概念を託す美術作家も多い。ヨゼフ・ボイス（ドイツ）はフェルトのスーツに、自分自身の生命が守られた体験を基にしたコンセプトを込めている。ヤン・ファーブル（ベルギー）は、無数の黄金虫を使った作品で、人体を防御するさまざまな形態を展開している。

女性のドレスのシルエットを持つ彫刻作品は「昇りゆく天使たちの壁」と題され、黄金虫を天使とするフランダース地方の壮大な物語詩の中心をなす思想が込められている。

「Souper Dress」作者不詳、1966頃
撮影：畠山崇　京都服飾文化研究財団所蔵
不織布にキャンベル・スープのプリント。

Bevery Semmes「Kimberly」1994。空間を浸蝕する服のインスタレーション作品

必要なことは、表現の領域に捕らわれずに、創作の成果を享受する受け手の姿勢である。複雑に発達したメディア社会では、ファッションかアートかという2元論には収めきれない、微妙に異なり、また一部が重なり合う表現形態も生まれている。2つの領域の「狭間」であったり、そのどちらかから生まれながら「はみ出し」ていく創作あるいはモノづくりは今後ますます活発になるだろう。モノだけでなく、メディアを駆使したコンセプトが作品として、また商品として都市に浸透していくことも考えられる。

註

1：アーティスト村上隆はコミックスの領域を自作にとり込むことについて「セザンヌがヴィクトワール山を描いたのと同じ」と語っている。（NHK新日曜美術館でのコメントより）

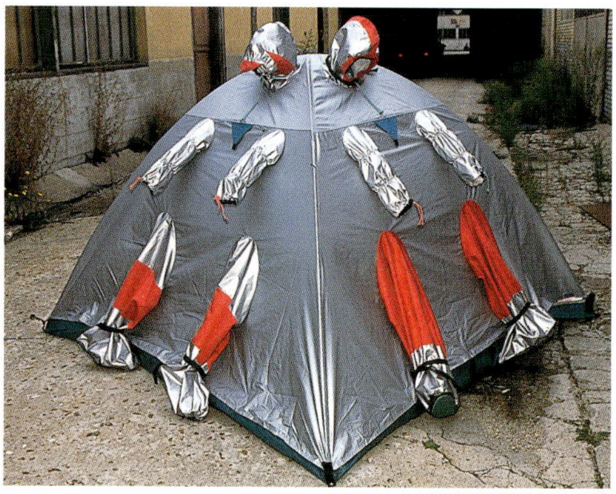

Lucy Orta「Survival Kits Collective Wear 4Persons BODY ARCHITECTURE」1993 撮影：P.Fuzeau。サヴァイヴァルのためのシェルターを想定したインスタレーション

上：ヨゼフ・ボイス(Joseph Beuys)「フェルトのスーツ（Felt Suit）」1970
右：ヤン・ファーブル(Jan Fabre)「昇りゆく天使たちの壁」1993
写真提供：SHOGO ARTS。黄金虫で覆われた武具としての服。

●ケーススタディ　2

SOSIE;身体とアートの考察　ニコラ・ブリオー(Nicolas Bourriaud)

服とそれを着る人についての考察

身体と服の歴史的な進化は、外見という名のゲームと行動という名の規則をとおした、俗にいう身体と身体の社会的な様式の関係の歴史と密接に関わっている。しかし、この進化はまた、作家と彼らの作品の関係としっかり結びついているのである。つまり、芸術の歴史はまた、身体とモノの間の“相互実体化”の様式、そして創造者と彼がつくり出すものの間に溶かすことのできない関係が存在するという信念の歴史でもあるのである。言い換えれば、カソリックの聖体拝受のように、この絵画、あの彫刻は私の分身、これは私の身体、といったり、禅の思想にあるように、「私のすべては私の各々の行為に在る」というようにして会話が始められる。このようにして、人はしばしば、古典文学や芸術の中に書かれたイメージは、作者の魂の服であり、魂を現すと同時に隠す表層であるという発想に出合う。そのとき以来、我々には、服とそれを着る者との間に存在する社会的な関係がメタファーとして、そして、啓示となって、作家と作家が表現するモノを関連づけるということを知っている。もし、モノに対するアプローチが先進的なまでに独立して存在する原因が「近代」というものであるなら、服はモノの世界と着用者の世界の間にあって、その中で、仲介役となる。それは、皮膚の上にかぶせられる芸術であり、目に見える空想の現れであり、自身と他者のフロンティア（開拓領域）である。

いかに、身体が思想を着るのか。

近代美術の歴史は啓蒙主義とともに生まれたより一般的な解放の動きに始まる。すなわち、個人と宗教、思想、経済的プロセスとの関係の動きであり、身体の解放そのものに起源を持つ。であるから、くり返し唱えられる19世紀末の近代化に関する論説のテーマの一つは西洋の男の制服となった変色することのない何の変哲もない黒いスーツだった。我々はそれをマネ作の「テュィルリーの音楽」、あるいは「オペラ座のソワレ」の中の、わずかに襟やスカーフの白さを引き立てるその落ち着いた出で立ちの整列に見ることができる。マネ以外では、印象派のモノクロの明快さは、“正当”（上流）の階級の礼節を象徴し、彼らに属するこの黒の正装と強い対比をなしている。しかし、もっとも重要なことは、それを着ている人が、選択の自由、安定、質素といった中流階級の価値観に自らを合わせていたことである。当時、色は女性の専売特許であり、その周りでは、いくつものメークアップや飾りをつけた身体があり、その華麗さは、誘惑の世界と繋がっているものだったのである。洒落た人でさえも、色を否定した。ボードレールは、髪を部分的に緑色に染めたが、頭の先から爪先までは黒を纏っていた。そして、ジョージ・ブリュンメルは、髪を色に染めるうえでの色の選択に正確さを要求した。少しずつ、新しい精神が、絵画という与えられた場を離れ、個人の姿を変えていった。まもなく、形をつくる革新がたちまちに身体の表面を変え、それぞれの大きな動きが特定のシルエットを生み出していく。もっとも驚くべきイメージは、チューリッヒのキャバレー・ヴォルテールの「ダダの夜」での、フーゴ・バル創作・着装のスーツで、チューブやメタルを用い、キュビスムと極端にシンプルな形を突き合わせたものだ。これは単なる偶然ではなく、ダダイストのスーツは、原始派でありながら同時に未来派でもあるそのルーツと対称をなす、新しい男の登場を象徴するものだったのである。かくして、バルはダダイストの破壊のモデルとなり、時代の思想のイメージを身につけた人となったのである。アヴァンギャルドとともに身体は浄化し、1920年代には幾何学化し、クルチョニフのシュプレマティストのバレエ「太陽の征服」にあるように、ラインをますますシンプルにし、色が加えられた。

シュルレアリスムは紛れもなく、アンドレ・ブルトンの頑固な性格のせいで逆説的にもこのアートの身体化から手を引くことになる（ブルトンはオートクチュールのジャック・ドゥセのために働いていたというのに）。たとえば、1938年のシュルレアリスムの展覧会では、アンドレ・マッソンからマルセル・デュシャンまで、各々の参加者が頭の先から爪先までモデルを着飾らせなければならなかった。たしかにこれは、人間の存在を示唆するためだったが、ローズ・セラヴィに変装したデュシャンと「たばこを吸うアフロディテ」をつくり上げたダリは、外見を創造するのにダミーを使わないで、自らの身体をもってそれを現すことを恐れなかった。この種の連続的な変装で自分を演じることは、次のいくつかの理由から近代の感性の重要な現象となった。一つには、これらの変身の行為は、光によって誘発された解放が進んだこと、そしてステレオタイプや与えられた性や文化に従うことを拒否することを象徴していたからである。デュシャンはカソリックの男性か？

だが、彼はユダヤ人らしい響きの名前を持つ者にもなり得ている。

順応性

名前を挙げればきりがないのだが、ピエール・モリニエ、シンディー・シャーマン、チャック・ナニー、ウルス・ルティ、オルラン、アリックス・ランバートなどが、演出しながら、演技をしている内面のモデルになったアーティストであるということについてこれまで一度も、何も語られたことがない。順応性のあるアイデンティティのシステムがつくられつつある今日、それはこの“自身をスタイル化”することを組織化し、変身を可能にするアクセサリーや道具をたくさん用いることによって、個人にたくさんの異なる外見を与えるゲームへの参加を意味する。このシステムは、服の彫刻がその永続する伸長や不安定な動きで空洞化した身体を定義するマリ＝アンジュ・ギュミノの作品に見られるように逆転することができる。同様に、シルヴィー・フルーリーの作品は生き方、論理的システムとしてのファッションの世界を現している。イネス・ヴァン・ラムズウィードの写真は同じような社会の現象、すなわちタッチオーバーや自然のつくりもの、化粧としてのイメージ、そして矯正のプロセスとしての公のイメージのような社会現象から生まれてくるものだ。ケリー・シャーリーンは創造者とそのモデルの間の伝統的な関係を逆転する。彼女は外から彼女のアイデンティティを捉える作品の対象になることを選択した。そして、単純なパターンとしてのその存在を他者のコメントに委ね、自らの名前のもとにその反応を表す。あたかもその仕事が、彼女が渡る形の宇宙を掌中に入れて、自らが生み出すいくつものイメージをコントロールすることで成り立っているモデルであるかのように。

モノの魂

西洋の古典文化では、動きは、つねに心からモノへと移った。モノは精神の受け箱であり、アーティストが命を吹きかける物質である。絵画は決して「本物のよう」ではないし、古典絵画の「現実性」は称えられるべきものだった。今日、そうではなくて、それを使うものに魂を吹き込むのがモノである。個人は今世紀末には、消費における商標、スタイル、選択などで自らを定義する。私たちの着るものが私たちであり、それがルックスの法則である。

「ローズ・セラヴィ」に扮したマルセル・デュシャン、1921　撮影：マン・レイ

だから、プロのモデルには必要以上の権力が与えられているのだ。彼や彼女は、彼や彼女が認める製品を称え、奨励する外見であり、その永遠の変身が、消費の世界が生み出す再生の無限の可能性を示す姿なのである。たしかに我々の時代には美は資本であるが、それはまた、美にともなうアクセサリーを超える特別の能力でもある。それは、何でも身につけることができて、しかも身につけたモノ以上のものに見せることができる能力である。美は思想を表す手段になる。それならなぜ、1995年に製作されたビデオ「フレッシュ・アコンチ」の中で、ポール・マッカーシーやマイク・ケリーは、最高のモデルとのヴィト・アコンチのパフォーマンスを再演するのだろうか。それは、現在の美学において形状の古典的な概念は、「フィットネス」になり、卓越した身体の機能性、身体の衛生、特定の行動の仕方ができるというアイデアを混ぜ合わせた概念になるからである。これらの概念は、これからは、特定の「フィットネス」を見つけなければならない。言い換えれば、それらが効果的に存在することができるシステムを見つけなければならない。

キャットウォーク

キャットウォークを歩くモデルの例にならって、芸術作品は思想を盛り込み、自身で歩き、いわば自らを表現する。このパッセージはとてもはかないものである。例えばシルヴィー・フルーリーを例にとれば、一つの作品の長さは、そのモデルたちの存在の長さに匹敵し、それは、脈動する女性誌の世界そのものである。ボードレールはかつてモダニティを、「通過的なものから永遠なるものを引き出す機能」だと定義した。フルーリーの作品で、もっとも驚くべきことは、この通過するもの、つまり、生活の可能性としてのファッションのエッセンスである、この捉えようのない時の長さを表現する能力である。なぜなら、芸術作品はつねに私たちが好むと好まざるとにかかわらず行動のモデルを表現するものだからだ。他の表面、時代の他の時間、他の世界との複雑な関係を構築することにおいて、芸術作品はサインを通して可能な姿勢を示すモデルになる。かなり兆候的ないい方をすれば、ファッションショーは、今日では展覧会のモデルであり、生きている人々は現代の芸術のプロセスの中で現在の貨幣となる。芸術作品は動きをサインと形にすることであり、この動きを形にすることは時代のもっとも効率的な道具の助けを借りて行われる。今日でいえば、メディア、ビジネスであるが、しかし、生活の補足的なレベルを与えるモデルもアーティストの望みを具体的な現実にするのに効率のよい道具といえる。それゆえ、芸術にとって重要なのは現実を代弁したり、表現したりすることでなく、状況を効果的に配置することなのである。

シルヴィー・フルーリー(Sylvie Fleury),run－way、1996　SOSIE展 Sagacho Exhibit Space　撮影：林雅之

右ページ：マリ=アンジュ・ギュミノ(Marie－Ange Guilleminot)「Emotion Contenue」1995　ビデオ・インスタレーション、4分、ループ、無声

（翻訳：林容子／金理恵）

訳註

「ソズィ」(SOSIE)はオートクチュールの初期のモデルの別称である。単に顧客と類似の体型(SOSIE)が求められた時代から、スーパーモデルの出現を見るなど、女性像の変化とファッションのメディアとしての可能性について、この論文は考察している。

「SOSIE」展は、1994年11月5日－12月10日パリ(Rue du Grenier St.Lazare)、1996年5月27日－7月21日東京(佐賀町エキジビットスペース)で開催された。

キュレーター　Herve Mikaeliff、小池一子

コミュニケーションとファッション

メディア

　ファッションは衣服という実体にあるが、それだけではない。ファッションはアクセサリー、ヘアスタイル、メークアップ、身のこなし、そのすべてにあってそれらだけではない。ファッションは、感覚という言葉と結びついたときに分かりやすさを増す。

　ファッション感覚というとき、それは「時代感覚に鋭敏」であったり、「テイストがいい」、「スタイリッシュだ」などということのバロメーターを指す。ファッション感覚がある、よい、などの表現は、服装を含めて身につけるものだけではなく、それらを選んだ「感覚」に対して向けられたものである。実体プラス感覚が、ファッションの特性であるということができる。ファッションを学習するということは、いわばファッションの中の衣服であったり、靴であったり、バッグであったりするものについて知り、またその造形の方法を学ぶことである。と同時にファッション感覚を必要とするさまざまな領域を知り、自分の思考や創作と関係づけることである。

　ファッション感覚を必要とする領域には、コミュニケーションのメディアがある。これは、

◎印刷と紙――雑誌、ポスター、冊子、宣伝ツールその他

◎電波・電子――映画、TVCF、その他の映像、インターネットなどのディジタル画像

　と大きく2つに分けることができる。

　印刷と紙のメディアは、歴史的には19世紀半ばの「ファッション・プレート」と呼ばれるスタイル画の版画に遡る。フランスでは、パリ発信の流行は当時の一流のイラストレーターによって描かれた「ファッション・プレート」によって紹介された。「ファッション・プレート」がいわばファッション・マガジンとして広く地方にまで行きわたっていたのである。

　アメリカではカタログ販売の普及によって実用的な服の需要を満たすことが広く行われるようになるが、それらのカタログに描かれたイラストレーションからは、市民に身近なファッションのイメージを読みとることができる。

ファッション・マガジンは20世紀のファッション産業の発達とともに変化、発展を続けてきた。ファッション産業には、繊維メーカー、既製服メーカー、装身具、バッグ、靴その他の服飾品メーカー、化粧品メーカーなどがあげられる。またファッションに関心があったり、ファッション意識の高い読者層をユーザーとして求める他業種のメーカーがある。自動車、家庭電化製品、薬品、住宅など例をあげるまでもないが、これらの、いわばファッション産業と関連するマーケットが参入する業種にとってもファッション・マガジンは必要だ。これらの産業からの宣伝広告費が投入されて、ファッション・マガジンおよびファッション関連マガジンの経営が成立している。

マガジンの編集方針は読者の関心にこたえるものであると同時に、スポンサーすなわち広告主たちの要望に添う方向が求められる。

ステラ・ブラム(Stella Blum)『Every day Fashions of The Twenties』P8〜9より。Dover Publications,inc.,New York

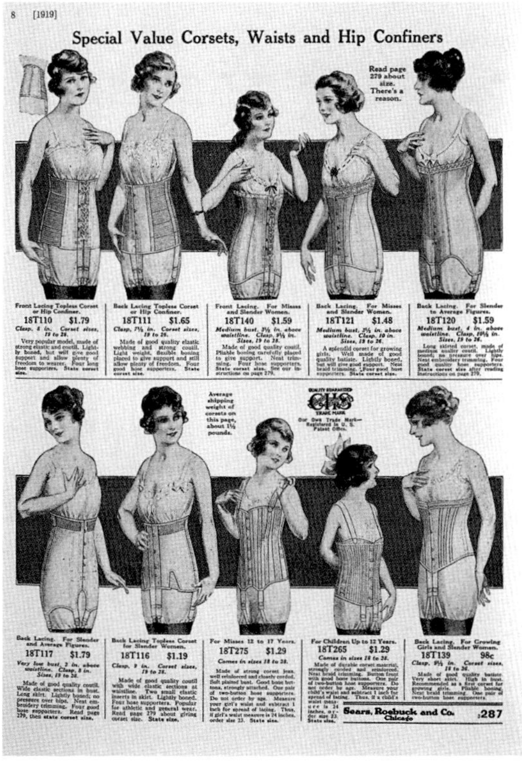

「YAB - YUM」2000　撮影：鈴木親
1940年代の女性像をイメージしたコレクション

ファッション・エディターの仕事は、デザイナーの発想から発表に至る過程を熟知し、作品を誌面でもっとも効果的に表現することにある。表現については、フォトグラファー、スタイリスト、ヘア・メーク、モデルなどの専門家の選定、共同作業が行われることになる。このような専門家の仕事の判断こそ、すぐれたファッション感覚に負うところが大きい。ファッション・エディターは、適切な才能を配役するプロデューサーということもできる。

ファッションのコミュニケーション・メディアのうち、印刷と紙のメディアで重要なものにカタログなどの宣伝ツールがある。単品の商品説明を中心に販売データを伝えるものから、デザイナーやメーカーの作品が持つファッション・メッセージを際立つヴィジュアル表現で行うものまで、宣伝ツールも多様である。

日本では1980年代のデザイナー・ブランド隆盛期に、質の高いヴィジュアル表現によるPRカタログが続々と発行された。それらは、多数の読者やスポンサーの同意を必要とする一般のファッション・マガジンに対して、先鋭的でメッセージ性も強く、デザイナーの意図を徹底させることができた。

ファッション・フォトグラフィーもそのような場を得て傑作を生み出していったのである。

電波・電子メディアのファッション・コミュニケーションは、デジタル以前と以降に二分して考える必要がある。

映画、テレビなどの映像の歴史の中で、ファッションが果たしてきた役割は大きい。ヒットしたスクリーンからは、たくさんの流行が生み出されてきた。オードリー・ヘップバーンがハリウッド映画の「麗しのサブリナ」で着用した「サブリナ・パンツ」や、パリ・オートクチュール、とりわけジバンシィが彼女のためにつくったスタイルなどは、スクリーンと女優の及ぼした影響として注目される。

だがテレビジョンの普及によって、劇場映画のスクリーンという特定の場と時間から受信されていたファッションは、日常的で身近なものとなった。同時に特定のスター女優に代わってファッショナブルで

左：「COSMIC WONDER」1999
撮影：鈴木親
右：「united bamboo」1999
撮影：鈴木親

親しみやすい女性タレントが台頭する。初期のテレビは、ニュース性を追ったり、結果として奇異なものを「ファッション」としてとりあげる傾向が強かった。しかし1980年代に入って日本人デザイナーの活躍を含むパリ・コレクションの顕在化が誰の目にも明らかになった頃から変化が見え始めた。それはファッションの普遍化と受け止めることもできるだろう。普通の生活に普通にある事象として扱われることが、むしろファッションにとっては必要だったのである。

ディジタル・メディアの世紀に入って、ファッション・コミュニケーションの量は拡大している。インターネットのサイトは広告宣伝と販売促進の領域に適合し、現在すでに成果をあげつつ次の変化に備えている。ファッションのディジタル情報は、従来の情報の制作システムやマナーの延長線上にあるものではなく、新しいリテラシーとして捉えるべきものである。すなわち、紙と印刷のメディアが蓄えてきた、デザイナー、フォトグラファー、スタイリストといった制作システムにも変化が起こり得る。インターネット・ショッピングや、資本と生産のグローバリゼーションは、ファッション・コミュニケーションの質と量と方法論の変化に関わっている。

だがファッションは人間の五感のうち、視覚とともに触感に直結するものである。風合いとかマテリアル感、テクスチャーなどの言葉と感覚がファッションの存在証明であるともいえる。ヴァーチャルなコミュニケーションが普及するとしても、ファッションを着装するのはリアルな肉体である。ディジタル・メディアの表現がファッション・コミュニケーションの領域で成功するのは、関心や購買の欲望をひき起こし選択させることにあるが、実際の購買の決断は触感で確認できるショップ空間と、それに準ずる「場」をつねに必要としている。

A-POC　AOYAMA、2000　撮影：Nacasa & Partners.inc.　繊維とテクノロジーの合体から生まれたA-POCのショップは実験工房の表情を持つ。

ファッション・コミュニケーション 発想から定着へ

小池一子＋佐村憲一

収録：2001年9月28日

トータルな創作のために何を学ぶか──コンセプトから販売まで

小池　この対談は「ファッション・コミュニケーション」をテーマに、これからの展望も含めて話ができればと思っています。佐村さんは、AD（アート・ディレクター）としてすばらしいお仕事をなさっていて、武蔵野美術大学通学生の「ファッションデザインコース」の授業でも教えていただいています。

「ファッションデザインコース」では、メーキングとコミュニケーションの2つの領域に分けてカリキュラムを組んでいます。メーキングとは、実際の服や、服に関わるものとその身辺のものを、素材リサーチから始めてつくるということです。そして、コミュニケーションの範疇には、グラフィック、パッケージ、広告、インフォメーション・ツールなどさまざまなものがあるわけです。いわばファッションというのは、極端なことをいうと、すべてがコミュニケーションともいえるのです。たとえばファッションのものづくりをするとします。それをネーミングによってブランド化し、どういうデザインをテーマにし、それをどのように展開したいのか。また、いまマーケティングとブランドの関係性に、新しい動きや展望が出てきつつあります。いわゆるいままでのコーポレート・アイデンティティとは変わりつつあるともいえます。そういったプロダクトそのもの以外の、プレス・リレーションも含めてあらゆるコミュニケーションを扱うことができる基本的な才能、トータルな創作ができる人を育てたい。

ですから「ファッションデザインコース」では、服づくりから服を売るためのポスター制作、商品を社会に対して打ち出して販売するまで、つまりコンセプトから販売までをテーマにしています。最終的にはイベントのようなことを企画した学生もいましたが、要するに自分がテーマにしたものをどうコミュニケートして社会に打ち出していくか。一つのことだけを、たとえばグラフィック・デザインだけをしていると、そういうアクチュアルな行動にはなりにくいのです。こういうものを相手に手渡したい、製品として売りたいという衝動をデザインする、それにはどんなツールが必要かと考える。いまのファッション・

コミュニケーションは、ネーミングからパッケージ、さらにショップに対するイメージまで。これが立体的になると完結するという方向です。

佐村　学習したことがそのまま仕事になる人もいるし、ならない人もいます。しかし、ものづくりの理解度を深めておくことは必要です。なにかをグラフィックに表現したいときに、コピーの大事さ、写真の大事さ、レイアウトの問題、印刷技術の問題、さまざまな要素があるわけです。たとえ自分がそれを表現しなくても、発注する側になったときに役に立つと思いますね。ですからそんなに深くはなくても、なるべく広く、ものづくり、ファッション・コミュニケーションを体験できればと思いますね。そうすれば、クリエイトをトータルな部分で理解できるのではないかと思います。

小池　この10年で考えると、初期の経済情勢に勢いがある時代は、学生のエネルギーも上がっているわけです。しかし経済状況が悪くなると時代の閉塞感が強くなりますし、それと平行して、学生のエネルギーが弱くなっていると感じた時期がありました。ところがこの３～４年前から、またちょっとおもしろい作品が出てきています。「こうしたい」という衝動を持った学生がつくるものは非常におもしろいものがありますし、またマテリアル感というべきものがあります。たとえばパッケージだったらパッケージのマテリアル感ですね。広告のためのポスターにしても、その世代の人たちでなければできないものがあります。それを、その時代につくっておいてほしい。実際のものづくりのスピリットとでもいうべきものです。

佐村　私は外で仕事をしてるわけですが、我々の仕事は結果さえよければいいみたいなところがあります。ですから、毎日まじめに授業に出てつまらない作品をつくるよりも、出なくても結果的にいい作品をつくってくれたらと、極端に言えばそのぐらいのことは感じます。我々の日常的な仕事がそうですね。徹夜しようが朝早く起きてどうしようが、結果さえよければいい。そういう意味では、学生の課題作品がある種の積み重ねとして残っていて、私にとってもかなり強いイメージで記憶されています。いま小池さんがおっしゃったような、時代状況と学生の作品の把握についてはたぶん同じ思いだと思います。

たしかに、学生の作品にザクッとした手応えが感じられた時代がありました。この10年間、テーマや方法論はもちろん時代とともに変わりつつあるけれど、提出課題はほとんど変わってない。だいたいいつも同じ条件です。ザクッとした手応えが感じられた頃の作品を振り返ってみると、その質感とか素材感が残っています。最近それがなんとなくツルッとしているというか（笑）、ちょっと抽象的な言い方なんですが、手応えがない。

これは、Macが相当影響していると思いますね。私もMacを使って毎日仕事をしていて、Macを否定しているわけではないのですが、ちょっと古い作品を見ると、自分たちで厚いボードを買ってきて一生懸命線を引いたり、トレーシングペーパーをかけたり、糊で貼りつけたりといった、手を汚すというか、手作業をしてるわけです。あたり前のことですが、思考してそれをどう定着させていくかというところでものがつくられている気がします。しかしMacがあると、思考する地点からスタートするより先に、目の前に簡単に映像があるわけです。思考をより深く練っていくための必要性あるいは必然性、もっと言ってしまえば、追い詰められたときの、切羽詰まったクリエイティブなスピリットというべきものがMacで薄められるような気がします。あまりにも簡単に、一見完成されたごとく形がビジュアルとして手に入るわけですね。キーボードを打てばきれいな文字、好きな文字が画面に出るわけですし、色も変えられる。あっという間にそれができる。しかし、ものづくりというのは、もう寝ても覚めてもみたいな、そこに至るまでに非常に頭の中でぐーっと脳の細胞がうようよとうごめく時期があるはずなんです。その時期の燃焼がどうも感じられない。遠回りのよさというかモノづくりの過程で生まれるクリエイティブな思考が薄いように思われます。

小池　Macを使っていてもいいけれど、たとえば外に向ける目、観察力、そういうものが出てくるといいんですね。ここで、卒業生のポスター制作の作品例を紹介しようと思うのですが、日常生活の切り取り方のすばらしくうまい作品があります。その学生は、非常に観察眼がしっかりしていて、対象を選び取ってくるわけです。それがマテリアル感にも繋がっています。

観察し分析する──課題作品をめぐって

小池　教育というのは大学の中だけでは絶対に完結しません。学生が社会の動きに触れる、とくに専門の仕事の中で触れるときは、指導する側が実際の社会で生き生きとした仕事をしていることが大切です。だからこそ佐村さんのような方に講師をお願いしているわけです。スタジオに行って実際にお仕事をしてらっしゃる様子を見て、エディトリアルやキャンペーンの現実に触れることで非常に触発されます。社会の中に生きている仕事を見ることで判断力ができていく。そして、生きた仕事を勉強するようにと触発してあげると観察力はさらに深まります。たとえば、車内吊りの広告をただポカンと見るのではなくて、つくる人の目で見る。そういうことです。

佐村　我々はどんな仕事に関してでも、いま小池さんがおっしゃったように、つくる側と見る側という立場を瞬時に行ったり来たりしています。たとえばブック・デザインであれば、装丁をデザインしていると同時に、自分が本屋にいてこれが並んでいたときに、財布を出して買うだろうかと問いかけている。ビールのパッケージをデザインするときも、これを冷蔵庫から出したとき、プシュッとおいしく飲める気分になれるラベルだろうかと考える。

最初の頃はつくるとか表現する方向だけにエネルギーが行ってしまうものですが、つねにつくる側と買う側を行ったり来たりして、自問自答しながらものをつくっていく。その心の幅の広さというか振幅の広さみたいなものが、小池さんがおっしゃった観察に繋がっていくと思うのですが、非常にクリエイティブな要因になっています。教える側もその点を意識して気をつけたいですね。

具体的な課題としては、注目している広告を選んで、どこの広告がおもしろいかというレポートを課題の中に組み込んでいます。

小池　以前、コピーライターの真木準さんと佐村さんにお願いしたことがありましたね。どこの広告に興味を持っているか? どのブランドがいいキャンペーンをしているかというテーマでレポートを提出してもらう。すると、学校の中だけにいたのではわからないような細かなことに気づき、エッと思うような意外性に出会います。そのときに、それがなぜおもしろいのか（自分が何をおもしろいと思うのか）、そのよさが広告で生きているかと分析をします。好奇心を持って観察して、そのよさと特徴を分析しないといけないわけです。課題の後は、単にファンとか消費者として見てるだけじゃなくて、デザインする人として分析できるようになります。最初は、なんとなくいい感じがする。その感じのよさは何なんだろうとまず思うわけですが、実際に自分が制作してみて、その難しさがわかったとき、プロだからこその詰めた仕事の密度に気づき、それが、あっさりしているけれどもよく現れてるということにも気づくのだと思いますね。やはり実感がないとわからない。実際の制作にほんの少しでも触れると、プロの仕事の読み取りもレベルアップできるのでしょう。

実例を紹介しながら話を進めていきますが、「ホリニック」（山内伸子）。この作品は、薬品のプロダクトみたいなものを想定したデザインですね。ファッションなんですが、お薬のように清潔感の漂うものというテーマを、この赤十字に似たマークでブランドの表現にしています。彼女たちが社会でイメージしている服とかものの考え方のありようを作品化するために、こうして演出写真できちんと構成できる人がいる。こういう構成力は、単に服づくりをしただけでもだめ、それからグラフィック・デザインをやっただけでも一体化しません。服もわかり、グラフィックもディレクションもできる人の中に総合的な能力としてまとまると、こういうものが引き出されてくる。

山内伸子「ホリニック」1998

宮崎友美子「S∀R∀RY-M∀N」1996

佐村　「S∀L∀RY-M∀N」（宮崎友美子）。この作品もおもしろいですよ。テーマとしては、サラリーマンで、ごく一般的なネクタイとシャツをデザインしている。だけど、どこかがちょっと変だというところをうまく突いている。それをタイポグラフィでも表現していて、Aだけがちょっと違ってる。さかさまです。ビジュアルとタイポグラフィとコピーがうまく絡んでいて、コンセプトがきちっと一貫しています。たとえば、これが遊び人ふうの長髪だったりすると、またつまらなくなるわけです。この、ちょっと真面目ふうな……。

小池　このきれいさが何とも言えない。そのあたりに対する感覚は、やはり鋭いものがありますね。

佐村　ディテールの詰めが非常に効いていますね。

小池　自分でネーミングをしてブランド名をつくって、Aだけがさかさまになっているロゴタイプにしても、決めるのにかなり時間をかけるんですね。それがほんとに力があるものかどうか、自分の意図が通るものなのか、また、デザイン的に見て破綻がないかということを練っていきます。佐村さんが時間をかけてずーっと壁に貼っておいてみんなで検討して、これで行こうと決める。それからブランドの展開が始まります。その際、より明確に自分の主張を通すことができたほうがいいと思いましたので、この1〜2年、「I want to sale」というテーマを立てています。実際に市場に向けて、きちんと人に買ってもらうことができるかどうか、売るためにはどうすればいいのかを考える。実際にそれがいくつかおもしろい仕事を生んでいます。

「とりあえず、通勤してみる」（月岡彩）。これは、真ん中の子だけが演出です。実際に電車の中で撮影してきたものなんだけれど（笑）、周りは普通の通勤途中の乗客なわけですね。

月岡彩「とりあえず、通勤してみる」1998

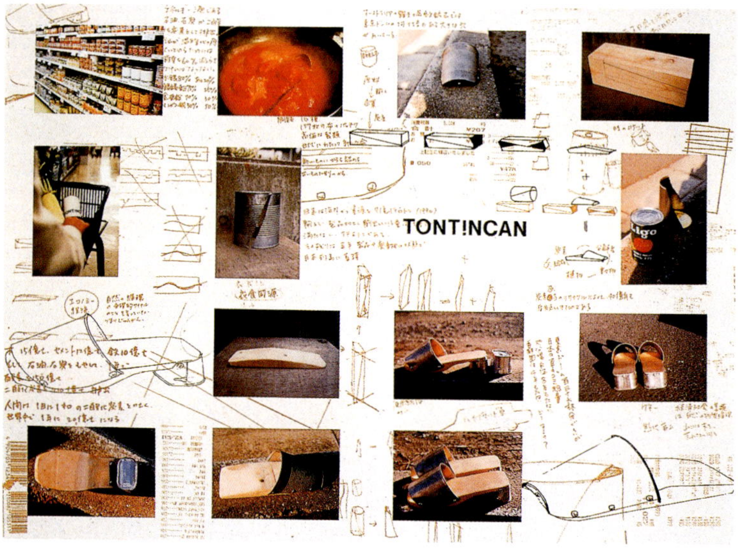

斎藤宏美「TONT!NCAN」1997

靴のスタイリングも含めて、この服はつくっています。

佐村　これも愉快な作品です。彼女独特の視点 というモノがあって、社会に対し実にチャーミングに、作品を通してカジュアルにうまく戯れている感じがします。彼女は卒業後、その延長上で「かくれん防具」という一連の作品をつくり、第二回SICFグランプリを受賞しています。なかには発想の意外性に笑っちゃうようなものもいくつかあって、これもその一つでした。「TONT!NCAN」(斎藤宏美)。これはおもしろい。

小池　斎藤宏美はリサイクルをテーマに始めたんだけど、これはコンビーフの缶を使ったサンダルですね。コンビーフの空き缶をカットしたものをヒールにしています。

　実にこのカットの方法論によって生まれてくるものが秀逸と思えるのですが、本人は自然にできちゃったという。

佐村　彼女は作業している過程を記録写真として撮っていまして、それを説明の一環として、我々に見せてくれたわけです。その時に、この作品のグラフィック展開をどうしましょうという話になりました。彼女はちゃんと製品の形に仕上げたサンダルを写真に撮ろうと考えていたようなんだけれど、私は、彼女が記録のために撮ったスナップ写真と、どうやってつくっていこうかという過程のスケッチを見て、これをそのまま使ったほうがおもしろいと感じました。まずスーパーで缶詰を買うわけです。そこからスタートします。そして、料理をする（笑）。次にそこから捨てられたものがまったく違う生命を与えられて、違うものに変身していくという過程なわけです。

木をどうやって切ればいいのかとか、缶の切り方といったつくり方が全部スケッチに残されていて、これが実におもしろいんです。ところが、彼女自身はまったくこのおもしろさに気づいていなかった。このスケッチとか、こういう思考の展開、写真の数々。

小池　それをポスター制作のときにアドバイスしてくださった。だから「TONT!NCAN」は、学生の発想が定着に至るプロセスがポスターになっているんですね。コンビーフの缶一つ、机の上に置いていじっていて、あっ、なんか生まれそうと思うわけです。

そこには思考があり成長があり、それこそ定着に至る過程です。彼女は日常の細々としたことに工夫を重ねて、編集に興味を持って、いまフード関係の編集の仕事をしています。

佐村　こういう材料を組み立てて編集したという作品制作の結果が、ほんとにうまい具合に彼女自身のいまの職業に結実したというか、集約して定着した。

小池　そういう意味で、いい例ですね。作品制作で迷ってる学生がそういう例を知ったら、ちょっとヒントになりますね。

「TONT!NCAN」のようなポスターに対して、一枚の写真でポスターをつくった学生もいて、「chicochico」（大脇千加子）。これは一枚写真がいいでしょう。

大脇千加子「chicochico」1997

しかもこのボケボケがいいわけです。フェルトでつくったジャケットで、ファション・メーキングの課題の自作から発表しています。

発想をいかに定着させるか──ADのデザインワークを追う

小池　佐村さんは実際にメーカーのディレクションを手がけていらっしゃる。佐村さんのお仕事を見て学生も勉強するわけですから、タグのデザインからキャンペーンまで、ファッション・コミュニケーションという仕事が含むさまざまな制作物を、一つの例として提示していただこうと思います。

佐村　そうですね。SOTOというブランドがいいですか。コンセプトは天野勝さんとテイジンによるもので、婦人服ブランドですね。30歳以上をターゲットにした、旅行や、ちょっとしたピクニックなど、女性のアウトドアものですが、エディ・バウアーのようにハードではなくて、タウンウェアの延長上といったコンセプトです。

SOTOというブランドのロゴをつくりますが、このロゴが決定されるまで何十種類のロゴをデザインします。その中から徐々にしぼり込むわけです。決定後は、いろんなタグ、織りネーム、ショッピング・バッグ、お店のサイン、たとえば下着を入れる箱といったパッケージ・デザイン、もちろんコーポレート・カラーも定めまして、ブランドを立ち上げるまでの、表面に出てくるグラフィック的なものを一貫してディレクションしました。

小池　アート・ディレクターはネーミングにも厳しい。このネーミングはほんとに力があって、動いている現代の女性の生活を思わせる。たとえばSOTOというのは、アウターウェアのスポーツ軸という、カジュアルな「外／ソト」です。

たとえいいネーミングでも、すでに他の人に登録されていることは非常に多いわけで、そういった条件をくぐり抜けて、いかに強力でいいネーミングができるかという勝負です。それについては学生もすごく真剣に考えますね。

佐村　しかも言葉の響きだけではなく、字面《じづら》としてきちっと成立しなければいけない。

小池　だからほんとにウェブだけじゃできない。Macで使える書体やモンセン（『モンセン・スタンダード欧文書体清刷集』）でいくらいろんなロゴを試してみても、あるいはたくさんのタイポグラフィの本から引っ張り出してきても、自分のものにはなりません。

佐村　いつも毎回うるさく言ってるところなんですけど、結局ものづくりというのは「発想」ということと、「定着」ということ。この2本柱があるわけです。両方ともおろそかにできないことです。「発想」というのは、どういう世界をどういうふうにつくっていこうかと、頭の中でバーッと発想していくわけです。これはもうなんの抑制も限りもない。もちろん年代とか性別とか自分の立場とかによって、人それぞれの発想があると思います。これでいこうかなと思って煮詰まったものを、今度は次の段階の、まったく別の部屋に入っていく。それが形にするということですが、これが非常に難しくて、難儀するところです。

「発想」を形にする、つまり「定着」という作業はかなり経験が必要だと思います。たとえば印刷するのであれば、印刷のことをある程度知っていなくちゃいけないし、タイポグラフィのいろんな形も勉強しなくちゃいけない。写真を撮るのであれば、どういう場所で、どういう光で、どういうふうに撮るのか。文字を書くのであれば、細いほうがいいのか、太いほうがいいのか、色はどうなのか。いろんな要素を一つずつクリアして表現して、何かの形にしなくちゃいけない。そういう作業は「発想」とはまったく違う地道で時間のかかる作業です。「発想」は誰でもできます。風呂に入っていても、トイレに入っていても。いつでも、どこにいるときも、いくらでもできる。しかし「定着」というのは具体的な作業ですから、なかなか学生の場合うまくいかない。思っていたものが実際にできあがったら、こんなものにしかならなかったかという、理想というかイメージと実際の作品にギャップがあることがほとんどです。だからこそ、イメージしたものをより高いレベルで「定着」させるための勉強はどうしても必要ですね。そこが大事なことなんですが、しかし学生にとっては、いちばんの難関だと思います。ただ、いまはMacがありますから、そういう点では、ある程度形にはなりやすくなっている時代だとは思います。

「SOTO」の4文字ではすでにネーミング登録がされていたため、字間に何かの記号を入れることと、「SOTO」のフルネームを表記することで登録が可能となった。

S-O-
T-O
Sightseeing
Outdoors
Traveling
Outing

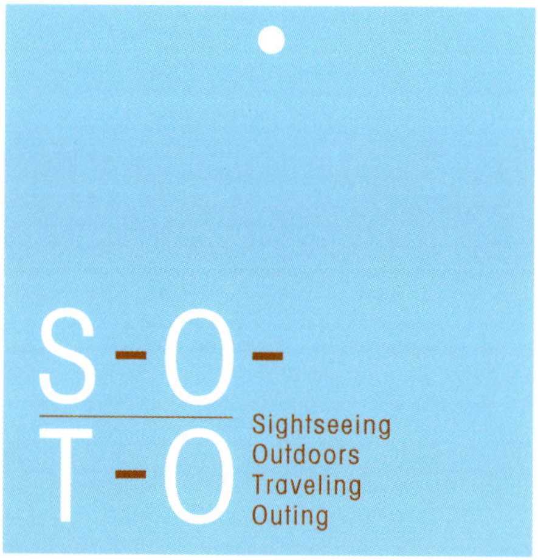

提げ札 大

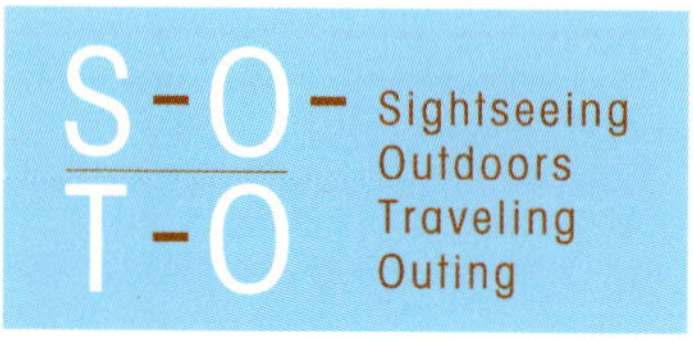

プリントネーム 小

ショップカード

リボン

ロゴタイプ完成に至るまでに数十点の試作品がデザインされる。これはその一部である。

S◆O◆T◆O
Sightseeing.Outdoors.Traveling.Outing

S◆O◆T◆O
Sightseeing.Outdoors.Traveling.Outing

S·O·T·O
Sightseeing.Outdoors.Traveling.Outing

S·O·T·O
Sightseeing.Outdoors.Traveling.Outing

S·O·T·O
Sightseeing.Outdoors.Traveling.Outing

S-O-T-O
Sightseeing.Outdoors.Traveling.Outing

S.O.T.O
Sightseeing.Outdoors.Traveling.Outing
• • •

S·o·T·o
Sightseeing.Outdoors.Traveling.Outing

S·O·T·O
Sightseeing.Outdoors.Traveling.Outing

S·⊙·T·⊙
Sightseeing.Outdoors.Traveling.Outing

S·O·T·O
Sightseeing.Outdoors.Traveling.Outing

S·O·T·O
Sightseeing. Outdoors. Traveling. Outing

S+O+T+O
Sightseeing.Outdoors.Traveling.Outing

S·O·T·O
Sightseeing.Outdoors.Traveling.Outing

手ばかり形ばかりが器用でも、「発想」が貧困であれば、結果として出てきたものはつまらないものですし、逆に、やたらとおもしろいこと言ってるんだけど頭デッカチで、つくってみたらなんだかつまらない、これもどうしようもない（笑）。これは両極端なたとえですが、そうならないように、うまい具合にバランスを持ってやっていく。

たとえば、今朝私は6時から六本木で撮影して来ました。朝早く起きて、ある企業の会長や社長・取締役といったそうそうたるメンバーを揃えて、ブレック・ファースト・ミーティングの情景を撮る（笑）。若いスタジオマン5名ぐらいがアシスタントとして動きまわっていて、カメラマンはものすごく大がかりで念入りなライティングをして、天井にトレーシングペーパーを貼って、会議室にすごいストロボ・セットが組まれている。そこで会長初め一同がずらっと並んだところを8×10（エイト バイ テン）のカメラで撮影する。これは「定着」をさせるための作業をしているわけです。企業の会社案内の巻頭見開きに使う写真を撮っていたのですが、会社案内は一回つくりますと2〜3年は使い続けることが多い。企業としての威厳、信頼感、そういったものを会長初め重役の人たちの表情に表現したいというイメージがありましたので、そういう写真に仕上げたい。そう思ってはいても、限られた時間とか、それぞれの顔の表情といった、さまざまな条件が絡んできて、なかなかうまくいかないこともある。しかし、それをとにかく「定着」させていくという作業をきちんきちんとやっていかないと、最初に発想したこととだんだん離れていきます。そうならないために、より細かい作業をきちっと詰めていく。撮影現場でのコミュニケーションが写真に出ますから、アート・ディレクターとしてカメラマンとのコミュニケーションをきちんとしておかなければいけません。企業のイメージも踏まえたうえで、どういう仕上げにしようということを、共同作業としてコミュニケーションするということですね。

小池　コミュニケーションは基本なんですけれど、チームワークができるということも大事ですね。単に一人でつくるというわけじゃない。私たちが大事にしているのは、ヒューマン・コミュニケーションというのかな、そういうことはありますね。

コミュニケーションを学び、創成する――ファッション変革の時代へ向けて

小池　いまの社会の中で、ファッションが占める位置を考えますと、30年前に比べたら、ものすごく増大しているわけです。

もちろん10年前でもかなり違います。それはある種の、すでに目の前に大きな山があるようなものであって、それなしでは考えられないという状況です。それほどに大きくなったファッションの中で、同じTシャツでも、Aという会社のTシャツとBという会社のTシャツは違う。その違いはいったい何なのかというと、素材が同じでもイメージが違うということです。そして、イメージはコミュニケーションの方法論によってつくられています。

ファッション・コミュニケーションがない、単なるものづくりの会社というのは、いまの世の中では成立しないわけです。だからこそ世の中、社会に対してフレキシブルな感受性が生まれてきます。それからある程度、語弊はあるかもしれないけれど、やはり美大でデザインを勉強した人はどうしたって、リーダーシップを取らなきゃいけない、そういう人材にならなきゃいけないと思っております。ですから、学生に対しては、きちんと判断するための技術が身につくようにということを大切にしています。それはいつの時代でも大切なことなのですが、いまとくにファッションは大きな変化を迎えつつあるのではないかという気がするんですね。

いまの新しいファッションは、ストリート・ファッションが多いのですが、ファッション・メーカーのデザインをする人たちを見ていても、たとえばものすごくゲーム感覚が優れているとか、それぞれに特徴があります。それは、コミュニケーションのある部分を非常によく知っている人がファッション・デザインに参入してきているということでしょう。ある意味では1960年代から2000年に至ったファッションの状況に大きな変化が起きていると思います。実際に非常に細かなプロダクト化が起きていますね。これは、モダニズムが育ててきたとでもいうべき大きなデザイン・コンセプトを、いまの若い人たちがヘビーに思っている、そういう率直な感じがありますね。

であれば、ロージェネレーションのつくり手が力を持って出ていかなきゃいけない。だから、いまとても大事な時代だと思います。

少し前の世代だと、会社や自分のブランドを立ち上げるとなると、大変な決心と基盤が必要でした。当然、投資も必要です。いまは、こういうものをつくりたいと思えば、まわりにある道具や機械である程度のものができます。とくにプリントなどは、いろいろな道具が開発されています。

自分の好む商品をとりあえずつくることが身近になってきているわけだから、ちょっとずつ違うものがたくさんありますでしょ。そういう意味では、ストリート・ファッションの積み重ねはあるのだけれど、時代を代表するような製品をつくるにはなかなか道は遠い。日本のビッグ・スリーと言われ、いまも一線で活躍している三宅一生さん、山本耀司さん、川久保玲さんというすごい人たちの後に、なんとなく低迷はしていたけれど、いろんな細やかな波は出始めています。しかし細かな波はあるものの、ビッグ・ウェーブがない。

作品をつくってそれを提示するということは、より明快に願望を見せることじゃないかと思いますね。願望を明快に見せて、ほかの人に渡すことができる仕事というのかな。最初に、ものづくりにおいて観察がいかに大きな意味を持つかということを言いましたけれど、同時に、ものをつくることによってさらに観察力が養われていきます。

たとえばパッケージを課題の中に入れてますが、ショッピング・バッグをたくさん見ているのに、実際には、ショッピング・バッグの紙の質一つ選ぶことも難しい、選べないというようなことがよくあります。入れるものの形、重さ、紙の適性。紙じゃなくてもっと違う材質がいいんじゃないかということも考える。その場合は選択肢を広げて、ファブリックの袋や、ひもだけを使ったパッケージングはどうかという根本的なものの考え方が出てきます。単にパッケージは紙袋屋さんが持ってくるものじゃないんだよということに徐々に気づきます。

佐村　たしかにパッケージの課題はおもしろいですね。「発想」と「定着」という問題に、コストという問題がかかわってきます。課題として考える場合は、紙に印刷するという条件がありますから、だいたいのアイデアはこなせます。しかし、紙に印刷するという条件を取り払うとしたら、いろんなものを発想できますね。

何でもかんでもひもでグリグリ巻くのはどうだろう。でも、普通のひもじゃつまらない、工業用とか電柱に走ってるケーブルのようなものをそのまま使ってみるのはどうだろう。そして、それをどうにか手に入れてグルグル巻いて何かできるとします。今度はコストはどうなんだろうと考える。これでTシャツ一枚をグルグル巻いてパッケージングしたとして、ひものほうがTシャツよりも高くなるんじゃないかということが出てくるわけですね（笑）。

これは非常に重要なことで、「発想」はおもしろいけれど、「定着」でつまづくわけです。実際のことを考えると、単におもしろければいいということではない。「発想」のおもしろさはどんどん目指すべきだけれど、「定着」させる過程でいろんな条件や規制が出てきます。そこを踏まえたうえで、うまい具合にクリアして、「発想」を殺さず、思っていたとおりのチャーミングなパッケージができれば大成功ですね。

小池　コストというのは非常に重要なことです。要するに、コストがこれくらいでないと、実際に世に出ていく製品にはならないという原価意識。そういうことは服づくりで充分知ってるはずですが、パッケージの課題になると忘れてしまって、不可能な素材をいろいろと持ってくることもあります。

佐村　コストというべきか、機能というべきか。

小池　両方ありますね。パッケージはとくに機能が大切ですから。

佐村　少しの重みで把手がポロッと取れてはいけないわけですから、そういうところまで配慮して定着させるということです。

小池　「定着」というのはいい言葉ですね。「発想」というのはまったく自由な、あらゆることがあり得ます。しかし、「定着」こそがデザインじゃないかなと思いますね。

佐村　野放しではないわけですから。締め切りがあり、コストがあり、機能的な条件と制約があります。たとえば食品を包むのであれば普通の印刷インキではいけない。ベジタブル・インキを使う。

それから紙にしても、体に害のない紙質を選ぶ。油がしみ込まない紙にしなくちゃいけないかもしれない。テーマによっていろんな条件が出てくると思います。それを全部取り入れて、クリアして、さらにおもしろい「発想」を上乗せしなくちゃいけない。いくつものハードルを越えていくわけです。だからこそおもしろい分野といえます。

試行錯誤するうちに、消去法でどんどん振るい落とされて、「発想」が細くなってしまうこともありますが、それは、ひ弱になったということではなくて、できないこととできることを選別したうえで、これがいいという芯が最後に残るということです。最初の大きな「発想」が核に向かって絞り込まれていく、そういう作業内容が「定着」ということでしょう。

小池　そう、「定着」であるし、しかも、わかりやすい形で他人に渡すことができるものをつくるという方法論で、いかに「定着」させるかが大事なのだと思いますね。

佐村　「発想」という問題に限定すれば、私よりも学生のほうが豊かかもしれません。

小池　たしかに、新しい、フレッシュな「発想」があります。

佐村　脳がフレッシュだろうからね。

小池　それと、その年なりの衝動があります。衝動とかヒントというものを、どう「定着」させるかということですね。それがデザイン行為であり、私たちのカリキュラムの内容ですね。

しかし、まず私たちがいかに彼ら学生からインプットされているかということ。それは教育の現場の素敵なところだと思います。みんながいろんなものを持ち寄って、その可能性を探るわけでしょう。だから、思ってもみなかったことを考える学生がいて、「あ、これがいまおもしろいのか」と教えられる。情報の交流があるわけです。

佐村　意外にも、本人が「発想」のおもしろさに気づいていなくて、「えっ、そうですか」と驚く（笑）。

小池　そこが交換ですね。

佐村　ほんとに行ったり来たり、インタラクティブだということです。

小池　教育というのは、その字を見ると意味合いは重いですけれども、ギブ・アンド・テイク、コミュニケーションということですね。

だから、いろんなジェネレーションが交わったほうがいいんです。経験があるからできることと、ないからこそできることがあります。ですから共通のレベルでコミュニケーションができる場でありたいと思いますね。

佐村　この「ファッションデザインコース」というのはかなり間口が広いというか、将来的には広範囲に対応できるカリキュラムですね。編集者になる人がいる、コピーライターになる人がいる、グラフィックデザイナーになる人がいる。ファッションという軸はあるにしても、ファッションの意味そのものがすでに非常に多岐にわたっていますから、その中でのコミュニケーションを学習したあと、社会に出て幅広く活躍できるような人材として育ってくれればと思いますね。

小池　それから、ファッション学という捉え方を加えるなら、言語化、論考の方向も必要でしょう。衣服中心のキュレーターだって生まれていく領域です。ここにはケーススタディとして、上村晴彦の論文を紹介しておきます。

さまざまな可能性に対して開かれた教育の場というか、ワークショップ、実験場のようでありたい。そのためにも、その領域で仕事をしていらっしゃる方のアドバイスをいただきながらまずは実際につくってみようということです。

●ケーススタディ　3

身体への視線　上村晴彦

身体に向けられる視線

身体に関するさまざまな情報によって、ワタシ[*1]と他者の身体像というものはつくりあげられているといっても過言ではない。私たちは、家族や恋人、友人の裸体や着ているものをその情報源にしているかもしれない。他者の裸体をナマで見たり触れたりしたとしても、それらもまた、身体のイメージ像を形成するものにほかならない。情報の内容に信憑性があるかないかに関係なく、私たちの周りには身体に纏《まつ》わる情報が氾濫している。なかでも書籍や雑誌、広告などの図版や写真、映画やテレビなどの映像から身体に関わる情報を得ることが多いだろう。知ろうと努力しなくても情報は勝手にワタシに入り込んでくる。流行《はやり》ものに飛びついて購入してしまったものの、一度も着用していない服や靴を押入れで眠らせていたり、必ず痩せるというダイエット法を三日坊主でやめてしまったりした経験が誰しもあるのではないだろうか。私たちは身体に関わる情報に翻弄されてしまうこともよくある。しかしながら、さまざまなメディアから発信される情報を手がかりにすることで、身体のイメージというものをぼんやりとみることができるのである。

私たちの生活空間には、身体を扱った情報が実に多種多様に存在している。たとえば紙の媒体だけでも、学校の保健体育の教科書もあれば、ファッション誌や美容に関する広告もあり、男性を対象にした通称「エロ本」もある。それらから得られる身体に関する情報は断片的であいまいなものではあるけれど、私たちは、そのような身体に関わる情報を得ることを望んでさえいる。「夏までにこれで痩せられる！」「SEXでキレイになる」「OLの生態」といった特集の体験談やうわさ話などを読んだことがあるだろう。また最近では、渋谷や原宿などの街に普通にいるような人たちを被写体に、第三者には普段あまり見せない身体部位や下着姿を撮った写真集などもある。それらは「ちょっぴりエッチ」だけれど、いわゆる男性誌とは異なった視線で撮られており、友達や恋人のプライベートな部分を見ているような印象を与える。また、『TOKYO STYLE』[*2]のように日常的な一室を撮った写真集も、その人のライフスタイルを垣間見ることができてなかなかおもしろいし、私たちの身体感覚にとても近い感じがする。こういった身体に関する漠然とした情報を手がかりにして、他者と自分の身体を無意識のうちに比較しながらワタシの身体像はさまざまにつくられていく。

都築響一『TOKYO STYLE』、1993、京都書院

オノデラユキ「Portraits de Fripes」
1994、115×115cm

現代の人々は当然のように芸能人やモデル、街を歩く「カワイイ娘」「カッコイイ人」を参考にして、服を選んだりヘアスタイルを変えたりする。「スタイルいいね」「その髪型かわいいね」といわれると嬉しくなり、ワタシの身体を気にするようにもなる。私たちは他者とワタシの身体を比較したり、他者が持っているものとまったく同じ、あるいはそれに似たような製品を身につけて楽しんでいる。このような行為の楽しさは、不可解な身体を自分の手中に入れることができるという錯覚にあるのかもしれない。私たちは他者の身体だけでなく、自分の身体さえもよく分かっていない。身体は捉えどころのない卵のように不定形なもので、さまざまな形態になりうる多様体であるということができるだろう。

私たちは母親のお腹からこの世界に生まれ出てすぐ、助産婦（夫）や医師の手、布によって包まれる。その感触は、初めて世界に降り立ったことをワタシに感じさせる瞬間といえるだろう。その後、生まれたばかりのワタシは、おっぱいにむしゃぶりついたり、わけもわからず目の前にあるものに向かって「アーアー」と叫んでみたりする。いろいろなものに触れることによってこの世界を知ろうと試みているのだ。

このような行為を経ながら私たちは、ものごとやこの世界を認識していく。つまり私たちは名付けるという、いわば世界に線を引く作業を行っていくわけである。「メガネ」をかけた「パパ」を見て、「パパ」と「メガネ」は違うものであると感じるように。食事のときには、「ママ」はワタシにご飯を食べさせてくれる人で「ブドウ」は美味しいものであると認識するように。そして、「ワタシ」と「アナタ」とは別のものであると区別するように、それらの間には別個のものであるという線が引かれる。同様に身体も頭、胴体、脚、手……と分けられていく。そしてさらに手を掌、指、爪……と分節化することによって、身体や世界を手に入れようとする。

この過程を経ることによって、身体というものを手中に入れられるように思われるかもしれない。ところが身体はハンス・ベルメールの人形[*3]があらわにしたように、ひとところにとどまろうとはしない。「肉体は一つの文章《フレーズ》に、すなわちそれが現に内包している一連の無限の綴り《アナグラム》換えを横切って再構成されんがために、まず文字の一つ一つまで解体するようにと諸君を誘《いざな》う一つの文章に比較しうる[*4]」とベルメールがいうように、身体はさまざまに分解されては組み換えられるもののようである。一枚の布を纏《まと》うだけで身体には、皺やドレープによって無数の線が引かれる。また同じ形態のシャツであっても、その襟刳り（デコルテ）の形が違うだけで別の身体イメージを浮かび上がらせることになる。そして、いつの間にか私たちの身体には、肩書き、国籍、性別などの社会的な記号が描かれている。線を引いて認識しようとする行為は、逆に身体を分からないものにしてしまう側面も持っている。着装もその一つの行為と考えることができる。身体とは形の定まらない厄介なものである。また、不定形ゆえにメディアによってもたらされる情報を纏いやすい性質のものであるといえる。しかもさまざまなものを纏い、さらにとどまることなくそのイメージをどんどん生成していくのである。

近代化する身体

「今日は何を着ようかな」「最近ちょっと太ったかしら……」「昨日シャワー浴びてないから、わたし臭うかしら」。こんなふうに思うことは、悩む悩まないにかかわらず誰もが経験として持っているだろう。現代の私たちにとって、自分の身体や生活空間を意識したり自分の意志で自由に変えたりすることは、ごく日常的な行為である。そして、自分にとってよりよいものにしたいという発想はごく自然な思考である。しかしながらこの思考は、いつの時代にも、どこの地域でも共通するものではない。これを可能にしたのは近代という思想がもたらされたからである。たとえば日本では近代化（西洋化）を目指した明治期に多くの人々が平民という身分となり、ようやく自由な着装が可能になったわけで、それ以前の封建制における身分制度下の人々は、その身分に従って身につけるものを規定されていた。

また革命以前のフランス貴族階級の服飾には詳細な決めごとがあった。しかし革命後の1793年に国民公会が「自己の性の衣服および付属物を自由に着用することができる[*5]」と政令を発することで、「市民」は自由に衣服を着ることができるようになったのである。

近代国家を目指した明治期の裕福な日本人は、西洋風の様式を積極的に取り入れ、鹿鳴館では夜会や舞踏会などが催されて男女に洋装が義務づけられた。洋装化への志向は、「欧米風俗の猿真似的な行動が条約改正をするという手段として行われた[*6]」と指摘されているように、欧米の列強と肩を並べるためには洋装という方法論が不可欠と考えられていたあらわれでもある。西洋人として見られようとするその「錯覚」は、西洋人のような振る舞いや身のこなしが要求されることを意味する。断っておくと、この「錯覚」は誤った感覚を意味するものではない。着るという行為が思考を伴って表層を形成することで、つねに見られるワタシをワタシが意識するという状況をつくり出すことになったのである。

この思考を伴った着装は天皇の写真（御真影）の服装にも見ることができる。明治期以前には天皇の姿を見たことのある人はほとんどいなかった。つまり天皇の身体イメージを、人々は持っていなかったといえる。いまでこそ写真・映像を使用したさまざまなメディアをとおして私たちはその像を知ることができる。それというのも対外的に、天皇が天皇としての表象をつくり

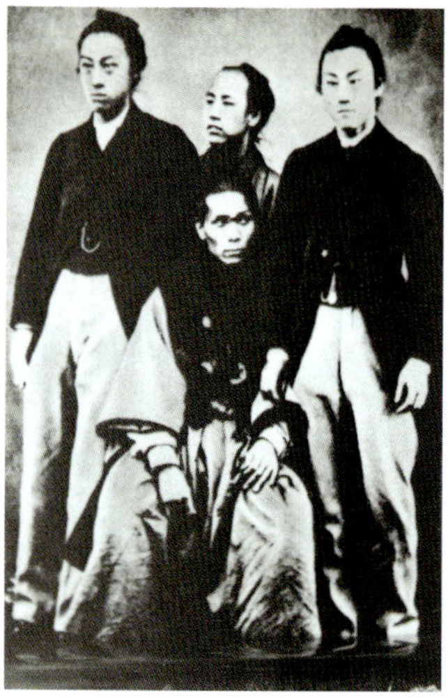

左：明治2年に撮影された大久保利通（和服、中央）と洋装の島津珍彦（うずひこ）、島津忠欽（ただかね）。アソカ書房『写された幕末』67ページより
右：慶応4年頃、長崎上野彦馬写真館撮影による出征兵士を送る記念写真
写真提供：石黒コレクション保存会

出すことを意識しているからである。ところで、天皇が天皇としての表象を形成しようとしたこの能動的力は、天皇にのみいえることではない。洋装した天皇の写真もまた、身体が見られるものであるということを明らかにした。故に、だんだんと外観をつくることの必要性を民衆にも感じさせるようになったということができる。実際には男女ともに洋装が一般化するのは第二次世界大戦後であるが、身体を見られる対象であると認識するのは明治期にもたらされたものといえるだろう。つまり洋装するという意識下の事柄と、ごく日常的な行為である着装という無意識下の行為をとおして、ワタシのあるべき姿はどこにあるのかという思考が現れたといえるだろう。

近代化をどのように受け入れるのか。江戸末期から明治初期の写真には、丁髷《ちょんまげ》に洋装姿、和装に靴といった和装洋装混合の不思議な恰好をした人たちを見ることができる。これは、いままでの環境・様式と、新しく出会った思想の狭間で自分の位置を見出そうとする戸惑いの現れであるといえる。そして近代化によって「ワタシ」というものを発見することになる。

君主という絶対的権力は明確な服装規定によって、目に見える形で封建制度下の人々の身体を支配していた。それ故、近代社会に移行することによって、ワタシの身体は権力の監視下から逃れ、自由を手に入れたかに思われた。

しかしながら、ミシェル・フーコーが、精神病院、監獄、性を論じることによって明らかにしたように、近代の権力は目に見えないさまざまな形で存在し、ワタシの身体を支配している。フーコーは対談の中で次のように述べている。

「自らの身体のコントロールや意識は、権力による身体への備給の結果によってしか獲得されないものです。つまり、体操、訓練、筋力トレーニング、裸体、肉体美の礼賛などといったものは、権力が子供や兵士の身体、健全な身体に執拗かつ丹念に繰り返し繰り返し働きかけた結果、ついにはその人自身の身体的欲求になってしまうようにしむけられているんです[*7]。」

一見すると自由な状態にあるように見える近代的身体は、実際にはアイドルやタレントさながら、見ることのできない多くの他者の視線によって管理されているといえる。そして身体は次第に支配されることを欲望するようにさえなるのである。近代の身体像は、多種多様な不可視の権力によって形成されている。

個性と均質の間を揺れる身体

スーパー・マーケットやコンビニエンス・ストアは、たくさんの商品で溢れている。そこでは、パッケージングされた冷凍食品やトレーに同量ずつ入れられた肉・惣菜、いびつな形や異なる大きさのものが除かれた野菜・果物がキレイに陳列された、均質的な光景を目にすることができる。これは現代の私たちにとって、均質とすら感じられないほどごくあたり前のことである。この光景は、20世紀初めにモノを大量に生産するシステムが導入されることによって可能になった。誰もが安価で買えるようにと大量生産された製品は、多くのさまざまな消費者によって購入される。

衣料品においては、1939年にアメリカで初めて販売されたナイロン・ストッキングが、その象徴といえるだろう。翌年にはアメリカの主要都市で発売され、ニューヨークでは初日に7万2000足も売れたという。ナイロン製のストッキングは、多くの女性の脚に光沢ある均質的な表面をつくり出した。一方、大量生産されたシャツはいろいろな体型の人々に着られるので、人によっては袖や丈が長かったり短かったりする。パンツをはいてみると、ウエストはゆるいのに、太股はパンパンに張ってキツイといったことが起きる。

「わたしって脚が太いんだわ」と悲観的な気分にさせられて、脚を細くする決意をすることになる。また私たちの身体は、身長や体重、バスト・ウエスト・ヒップのスリーサイズ、あるいは肥満度などが数値化されている。標準からかけ離れた数値であると、自分は一般人から逸脱した身体を有していると不安に感じるようになる。20世紀以降のワタシの身体は、ある標準体型になるように仕向けられているのである。

先の第二次世界大戦では、古い階級を無化して、国民を均一化し、管理するシステムへ移行しようとする志向が顕著であった。人々は国家のためにつくす一単位として位置づけられ、国家という権力は、国民の表象としての「標準」をワタシの身体にあてがおうとしたのである。日本では、被服協会が設立された1929年に国家総動員に向けて、軍服に似せて民間服がつくられた。その後、被服の統一という考えから、陸軍は学生服や警察・消防・官庁の制服までを国防色（カーキ色）とする運動を始める。そして、男性には国民服、女性は婦人標準服という日本国民の制服的性格を持った服装を普及させようとした。また、婦人服と子ども服に全国統一の既製服規格と標準寸法が制定され、標準国民食なるものも決められる。こういった標準化への動きは日本だけのものではなかった。1941年に衣料品の制限が課されたイギリスでは、その数年後には「あらゆる社会階層の服装にある種のユニフォーム化がみられるようになった[*8]」り、アメリカでも同様の傾向がみられた。制服の着用は階級や性差、あるいは個人が持っている特徴的なものを隠蔽しようとし、人間の表象を均質化しようとする。日本の中高校生が校則に反した服装をしたがる理由は、校則によって規定された標準服からの逸脱という側面を持っている。しかしながら、彼らは制服を脱ぐという行為にはなかなか至らない。むしろ、いろいろな手法でアレンジして、制服を着続け、存続させることを望んでいるようにもみえる。

その一方で私たちは、自分らしく個性的でありたいとも思っている。いまの自分とは異なる、美しい身体を求めているのだ。これまで述べてきたような、均質化を顕著に推し進めていた世界大戦下であってもその志向は存在した。欧米から輸入された日本の電髪（パーマネント）は、女性を美しく変えてくれるものとして1935年頃には一般女性にも普及している。しかしながら臨戦態勢を形成すべく、国家総動員法とともに成立した「電力国家管理関係

上：国民服(「アサヒグラフ」昭和15年6月26日号より)　写真提供：朝日新聞社
下：電気パーマの指導　写真提供：山野美容専門学校

法案」によって、電力使用の権限は政府管理下におかれる。パーマの電力使用は削減され、1943年に電力消費規制が強化されると電力の使用は不可能になった。また、「鬼畜米英」という考えや贅沢品を自粛する風潮はパーマを困難にした。しかしそういう状況下にあっても、パーマすることを望んだ人たちは木炭を使用していたという。

戦時下という、もっとも極端な例を挙げたが、見えないながらもワタシの身体は、現在も均質と個性の狭間に位置している。国家や学校などの権力によって生まれた「標準」という考え方が均質化を生んだのであるが、それを望んだのが私たちであることも事実である。均質化への動きは、あらゆるものを記号として扱う現在の「モード」の下地になったといえる。ワタシの身体は均質化されることで並列化され、モードに組み込まれやすくなった。ときとして、ワタシの美的表象はこのモードという運動に取って代わられ、ワタシの身体に新たな変化を及ぼすこともある。その狭間でワタシの身体像はさまざまな変化と美的表象をみせてくれる。

先の見えない身体像

「ヤバイ」という表現はもともとは「身に危険が迫る、不都合が予想される」といったようによい意味で使われてはこなかった。しかし最近では肯定的な意味にもとられている。クラブなどでカッコイイ音楽や選曲に遭遇した子が、「これ、ヤバクない？」（これ、よくない？）といったりする会話を耳にする。一方で、ファッション（服装）や身体に関わるものでは、「その化粧ヤバイよ」（その化粧ヘンだよ）というように、どちらかといえば否定的な要素を含んだ意味に使われることが多いように思う。私たちの身体もまた、今日表現される両義性を有した「ヤバイもの」としてさまざまに変えられてきた。

私たちは身体に何かしら手を加える身体変更という行為を行ってきた。今日の日常的な行為であるヘアースタイルを変えたり、体毛を剃ったりすることも身体変更の一環といえる。刺青や中国の纏足《てんそく》、コルセットによるウエストの締めつけなど、歴史的にみても人間は身体を変更することに積極的であった。それらを現在の価値観で受けとめると、グロテスクに感じてしまうかもしれない。しかしながらその当時のその地域の人々は、それらを美的にすぐれていると感じていた。足の小ささやウエストの縊《くび》れを美しいと思う感覚はいまの私たちの中にも少なからず生きているといえる。現在も例外ではなく、ピアスによる穴あけや、足の変形（外反母趾）をもいとわずハイヒールなどの傾斜のきつい靴をはくこと、さらには豊胸や脂肪吸引といった美容整形手術による身体変更も行われている。私たち人間は、「みっともない人体[*9]」に何かしら手を加えずにはいられない生きもののようである。美容整形の手術などで起こりうる失敗の存在を知りながら、それでもその手術を受けたいと思うその志向は非常に強いものである。私たちは欲望する身体像になろうと、さまざまな手段を試みる。

医療技術の発展に伴って、ワタシの身体を変更する新たな局面を迎えることになる出来事が近年起こった。1996年に英国立ロスリン研究所にてクローン羊「ドリー」が誕生したのである。これは、理論的には人間のクローンを生み出すことを可能にしたということを意味する。事実、不妊治療専門医チームやある新興宗教団体は、クローン赤ちゃんを誕生させる計画を進めているようだ。世界的には、クローン人間を生み出すことを禁止する方向にあり、日本でも2000年にクローン法が成立し、クローン人間をつくり出すことを禁止した。クローン人間を誕生させるなんてとんでもないと思われるかもしれない。しかしこの技術は移植しても拒絶反応の出ない、患者本人の体細胞から臓器や器官をつくり出すという再生医療に応用できる可能性を持っている。その技術を簡単に説明すると、核を抜いた卵子に体細胞から取り出した遺伝子情報を含む核を移植して細胞分裂させ、そこから胚性幹細胞（ES細胞）を取り出して培養するという工程である。ES細胞は、理論上ではあらゆる臓器や組織に成長させることができるといわれている。アメリカではすでにヒト細胞を用いて血管や皮膚などの組織の再生を行い、これをビジネスとして着実に進めている企業が多く存在することも事実である。クローン技術が市場経済に組み込まれ商品的性格を持ったとき、欲望する身体は何をどのように志向するのだろう。

ところで、江川達也の『ラストマン』が指摘する、欲望する人間の描写はなかなか興味深い。その第7巻では、西春彦というオタク風青年がLOVE&PEACEなる秘密結社（?）にそそのかされて、「母なる海」という奇妙な液体の中で欲望のままに変態していく姿（身体）が描かれている。最初は異性への興味から優等生のかわいらしい女性に変身するのだが、だんだんと

江川達也『ラストマン』第7巻より、講談社

Patricia・Piccinini「“Protein Lattice” より “Subset Red”」1997、タイプC・カラープリント、80×80mm

欲望が増すにつれて彼は、現代の私たちがもっている「人間」のイメージからかけ離れた身体を求めるようになっていく。そして最終的には蝿人間（蝿と人間が混ざった生物）をもっとも美しいものとして選ぶことになる。デイビッド・クローネンバーグ監督の映画『ザ・フライ』にも蝿男が登場する。物質転送装置「テレポッド」で自分を転送する実験中に蝿が紛れ込んでしまったため、その遺伝子が組み込まれて蝿男になってしまった主人公セスを、私は気味悪いと思いながら見ていた。蝿人間になった西春彦のことも気持ち悪いとは思うのだが、美しい身体を欲望していった過程を見、その結実としての蝿人間であると考えると、まんざらあり得ない話でもないと思える。もちろんこれは想像上の話ではある。しかし、人間のクローニングが技術的にも可能になり、ワタシの身体にどんなものにでも変われるという状況が用意されたとき、私たちの欲望はどのような身体を形づくるのだろうか。

私たちの欲望はとどまることを知らない。ワタシの身体に向けられた視線は健康や清潔への志向を生み出した。私たちは適度な運動と栄養バランスのよい食事を心がけるようになった。しかしその一方で、健康な身体を維持することは、普段の不摂生に裏付けられた健康志向という側面も持っている。食べたいものを食べたいだけ食べ、その不健康を解消するためにワタシの身体はサプリメントや健康茶を摂取し、運動することなくダイエット食品に頼って体形を保とうとする。こうしてワタシの身体は健康が維持されていると安心するのだが、これは実のところ、複数の異なる欲望を満たしているに過ぎない。清潔への欲望は、電車の吊り革に触れない人や消毒液を携帯する人、更には抗菌グッズを生み出し、不可視の細菌からワタシの身体を守ろうとする意識を促進させた。その一方で若い人たちの中には、細菌がたくさんいるような電車内の床に座ることが慣習化しつつあるし、先日見たテレビは、何ヵ月間も洗髪もしなければシャワーも浴びないという女の子を特集していた(経済的なことを背景にした家庭環境によるものではない)。それにもかかわらず、他人に汚いとか臭いとは思われたくないようだ。それ故、抗菌を銘打った製品、香水や防臭スプレーを使用することによって、清潔をイメージとして維持することを試みる。

現在のワタシの身体は、欲望をとことん満たしてくれる環境にどっぷり浸っている。この環境下で人間のクローニングが可能になったとき、私たちは両義性を有した「ヤバイ身体」を手に入れることを望むだろう。自分の身体を根こそぎ変えることすら可能にしてしまうことも考えられる。クローン技術が、ワタシの身体への視線に多大な影響を与えることは間違いない。そしてその視線はもっと奥深いところにまで入り込んできた。身体のイメージは、それまでの体表面をうごめいていた情報によってつくられてきた位相から、身体をその組織から変えてしまう位相に移行することになる。

現在、個々人の志向は、必ずしも他者との共有を望むことなく細分化している。また、携帯電話やパソコンなどの端末を介したメールやチャットは、簡単に見ず知らずの人とのコミュニケーションを可能にし、それらをとおして異性や善人、悪人を演じることで、ワタシの中に多重人格を住まわせる。このようなことは、ワタシの身体を欲望のままに変えてしまう可能性の下地になると考えられる。背中に人間の耳を持ったマウス[*10]の出現は衝撃的な出来事であったが、人間に他の動物の臓器が移植されることについて、私たちはどのような見解を持っているだろうか。それが人を救うことであるならば容認するという考えに賛同するのではないか。

ヒト細胞によって培養された皮膚や軟骨細胞などは、すでに私たちの生活に入り込んでいる。クローン技術によってつくられたものも自然なかたちで入ってきて、欲望するワタシの身体のライフスタイルに取り入れられるかもしれない。医学上の一つの技術として、あるいは身に纏うものの類いの一つとして、その選択肢が増えるということでしかないのかもしれない。

すっかり新しく変わってしまったワタシの身体に「それ、カッコイイよ」という声がかけられるのだろう。しかしながらそのような未来に、現在の私の身体は少なからず不安の色を隠せないでいる。

註

1：ワタシと表記したものは客観的表象としてのわたし。私（あるいは私たち）は上村晴彦のこと。

2：都築響一『TOKYO STYLE』、京都書院、1993

3：ハンス・ベルメールの人形は、肉体が異様に分節化されている。たとえば腹部に関節がつくられ、その関節を軸に、身体の部位が本来曲がるはずのない方向へと曲がる。「無限の綴り換えを横切って再構築」された肉体を持つ。

4：ハンス・ベルメール著、種村季弘＋瀧口修造訳『イマージュの解剖学』P159、河出書房新社、1975

5：北山晴一『おしゃれの社会史』P9、朝日選書、1991

6：遠藤武・石山彰『写真にみる日本洋装史』、文化出版局、1980

7：ミシェル・フーコー著、小林康夫＋石田英敬＋松浦寿輝編『ミシェル・フーコー思考集成　権力／処罰：1974-1975』、筑摩書房、2000

8：ブリュノ・デュ・ロゼル著、西村愛子訳『二〇世紀モード史』P309、平凡社、1995

9：バーナード・ルドフスキー著、加藤秀俊＋多田道太郎訳『みっともない人体』、鹿島出版会、1979

10：この「人間の耳を持つネズミ」はセンセーショナルなニュースとして世界に報道された。ピッチニーニのProtein Lattice（タンパク質の格子構造）のシリーズは「人間の耳を持つネズミ」をモチーフにしているが、否定的／批判的な意味でモチーフにしたのではないとピッチニーニはいう。

編集協力一覧(掲載順)

Nick Wadley（P5）

三菱地所アルティアム（P5）

財団法人　京都服飾文化研究財団（P9、P11、P46、P55）

良品計画（P17）

佐藤雅三（桑沢デザイン研究所教授）

パパラギスタジオ（PP20〜22）

(株)Comme des Garçons（P20）

Yohji Yamamoto,inc.（P21）

(株)三宅デザイン事務所（P22、PP48〜49、PP53〜54、P69）

エイ・ネット／FINAL HOME（P31）

Comme des Garçons Junya Watanabe（P33）

今 保太郎（P35）

大田垣晴子（PP36〜44）

Bevery Semmes（P56）

Lucy Orta（P56）

SHUGO ARTS（P57）

Hervé Mikaeloff（PP58〜63、エルベ・ミカエロフ）

Sylvie Fleury（P62）

Marie-Ange Guilleminot（P63）

(有)クローケンツリー（YAB-YUM）（P66）

COSMIC WONDER（P67）

united bamboo（P67）

天野勝（武蔵野美術大学造形学部空間演出デザイン学科教授）

田辺久美子（武蔵野美術大学造形学部空間演出デザイン学科教授）

オノデラユキ（P89）

石黒コレクション保存会（P92）

学校法人山野学苑（P94）

東京都写真美術館（P97）

写真クレジット一覧（掲載順）

●Courtesy of Pip Culbert（P5）

●手前、赤いドレス(Afternoon Dress):Costume Institute of The Metropolitan Museum of Art, Gift of Mrs.Frederick M.Godwin,1954

後、黒いドレス(Redingote):Costume Institute of The Metropolitan Museum of Art, Gift of Mrs.Harry T.Peters,1950

中央、青いドレス:Collection of the Kyoto Costume Institute Photo by Taishi Hirokawa（P9）

●Costume Institute of The Metropolitan Museum of Art（P10）

●Collection of the Kyoto Costume Institute,Photo by Masayuki Hayashi（P11、マリアノ・フォルチュニイ）

●Costume Institute of The Metropolitan of Art（P11、ポウル・ポワレ）

●Philadelphia Museum of Art:Gift of Mme.Elsa Schiparelli（P11、エルザ・スキャパレリ）

●Musée de la Mode et de Costume,Paris（P11、マドレーヌ・ヴィオネ）

●©SIAE,Rome & SPDA,Tokyo,2001（P12、フォルチュナート・デペッロ）

●Photo:KOBAL/ORION PRESS（P13）

●Comme des Garçons & Comme des Garçons Noir '94 - 95　秋冬（P20）

●Yohji Yamamoto '93 春夏（P21）

●Issey Miyake '93 春夏（P22）

●Art Director/津吹孝、提供(株)JUN（P24）

●Comme des Garçons Junya Watanabe '93 - '94 秋冬（P33）

●Collection of the Kyoto Costume Institute Photo by Takashi Hatakeyama（P46、P55）

●©Courtesy of the Artist & Leslie Tankanow gallery,new york（P56、ビバリー・セムズ）

●Courtesy of Espace d'Art Yvonamor Palix　Photo:P.Fuzeau（P56、ルーシー・オルタ）

●©BILD-KUNST,Bonn & APG-Japan/JAA,Tokyo,2001（P57、ヨゼフ・ボイス）

●©Jan Fabre,Troubleyn（P57、ヤン・ファーブル）

●Courtesy FRAC Languedoc Roussillon,Copyright:KLEINFENN（P63、マリ＝アンジュ・ギュミノ）

●アソカ書房が現存せず、写真所有権の連絡先を調査しきれておりません。お心あたりの方は御連絡下さい。（P92）

●©江川達也／講談社（P97）

●©Patricia Piccinini（P97）

掲載写真撮影者一覧（50音順）

小林昭／Kobayashi Akira（P24）

鈴木親／Suzuki Chikashi（PP66～67）

高木由利子／Takagi Yuriko（PP20～22、P33、P51）

Nacasa & Partners,inc.（P69）

Pascal Roulin：CG制作（PP48～49）

畠山崇／Hatakeyama Takashi（P46、P55）

林雅之／Hayashi Masayuki（P11、P62）

英興／Hideoki（P10、P11）

広川泰士／Hirokawa Taishi（P9、P25、P51）

横須賀功光／Yokosuka Akimitu（P53）

吉永恭章／Yoshinaga Yasuaki（P54）

与田弘志／Yoda Hiroshi（P17、P24）

著者略歴

小池一子

クリエイティブ・ディレクター。
武蔵野美術大学造形学部空間演出デザイン学科教授。
デザインとアートの境界領域に焦点をあてた企画展、現代美術キュレーション多数。
1983〜2000年：佐賀町エキジビット・スペース主宰。
編著書：『三宅一生の発想と展開』（平凡社）、『空間のアウラ』（白水社）、「衣服の領域」展カタログ（武蔵野美術大学美術資料図書館）。
訳書：『アイリーン・グレイ　建築家・デザイナー』（リブロポート）など。

ニコラ・ブリオー

パリ、「パレ・ド・トウキョー」現代美術センター館長

佐村憲一

1948年山口県生まれ
1980年ナンバーワン・デザイン・オフィスを設立
個展：「ステーショナリー展」TDS
著書：『般若心経』
　　　『一流ブランド品の科学』
受賞：毎日広告デザイン賞
　　　日本グラフィック展銀賞
　　　全国映画ポスター賞最優秀賞
　　　造本装丁コンクール最優秀文部大臣賞
　　　東京アートディレクターズ・クラブ賞ほか

Fashion
多面体としてのファッション

2002年4月1日　初版第1刷発行

2006年2月10日　初版第2刷発行

編者／小池一子

著者／小池一子

編集・制作／武蔵野美術大学出版局

編集協力／有限会社共同制作社

デザイン＋本文レイアウト／栗谷佳代子

表紙デザイン／山口デザイン事務所

著作権処理協力／トッパンイメージモール

発行所／株式会社武蔵野美術大学出版局
180-8566　東京都武蔵野市吉祥寺東町3-3-7

電話　0422-23-0810

印刷・製本／凸版印刷株式会社

落丁・乱丁本はお取り替えいたします。

ISBN4-901631-28-4 C3072